考える×続けるシリーズ

環境を考える BOOK①

炭素から始まるお話

『環境を考えるBOOK』シリーズ刊行に寄せて
～子どもとともにこの本を読み進む大人たちへ～

私たちが暮らしている地球。この地球では、人間はもちろん、さまざまな生命が育まれ、さまざまな生命がかかわり合い、たがいにめぐみを受けながら生きています。その生命を育む地球は今、人間の生産活動によって、自然環境がこわされたり、生態系のバランスがくずされたりしています。「人間の生産活動をやめれば、これ以上、地球環境がこわされないかもしれない。」と思う人もいるでしょう。でも、それは難しいことです。豊かになった暮らしを大昔の原始的な暮らしにもどすことはおそらくできないでしょう。今の生活を続けながら、この地球の自然環境を子や孫、さらにその先の世代にまで受け継いでいくためにできることは何か。このことを、まさに今、地球に暮らす人びとが考え、そして具体的に行動に移していこうとしています。

21世紀になってから生まれた現在の小学生は、すでにさまざまな問題をかかえる地球に生まれ、持続可能な社会づくりに向けて地球規模で動き出している中で生き、そして未来に向けて歩んでいるところです。

自分を取りまく環境・社会を自分事としてとらえる。自分の目が届く、自分の考えが及ぶ範囲のことを考え、具体的に行動に移していく。大人と子どもがそれを共有し、未来を歩んでいく。そんな日能研の思いをのせて、2008年2月に『環境を考えるBOOK』の発刊がスタートしました。そして、2012年春までに、「炭素編」、「水編」、「エネルギー編」、「2011メモリアル編」の4冊を刊行しました。読んだ子どもたちからは、自分を取りまく環境・社会で起きていることを受け止め、自分の中で動いたことを感じながら頭と心を使って考え、行動に移していこうとする姿勢が伝わってきました。また、学校や行政機関、民間の団体で『環境を考えるBOOK』の既刊4テーマにかかわる活動をしている方々にもおわたししたところ、予想以上に大きな反響がありました。そして、日能研の思いに共感してくださった皆さまの要望を受け、既刊2013年改訂新版の発行と市販化にふみ切りました。

そして、2013年3月、「獣害編」の発行。今後も、未来を歩んでいく子どもたちとともに考え続けたいテーマを取り上げて、『環境を考えるBOOK』シリーズのラインナップに加えていく予定です。本の中では、私たちを取りまく環境・社会で起きていることがらをテーマとして取り上げ、それに関連する内容を、自分と他者、日本と世界、昔と今といったさまざまな切り口から、ダイナミックな広がりでとらえていきます。

この本との出あいを通して、生命を育む地球から得られるめぐみや、人びとが直面している課題について、大人も子どもも自分事として受け止め、かかわる。そんな、自らの未来を考えていく人が増えることを願っています。

皆さんも知っているように、地球の環境は大きく変化しています。特に、2011年3月11日の東日本大震災や原発事故をきっかけに、私たちはあらためて当たり前を見直し、課題を解決していくことが求められるようになりました。本書のシリーズでは、この数年の大きな変化や課題の経緯を知ってもらうため、今回の改訂でも原則として初版発行時の記述や統計をそのまま掲載しました。それぞれの資料には出典や年度を示し、変化が著しいものには注釈を加えました。初版発行時から今に至るまでの変化の様子については、最新のニュースや関連図書、webサイトなどで調べることもできます。それぞれのテーマの「当時」と「今」を受け止め、自ら考える材料に加えていくことができると思います。

人は「水」がなければ存在できていません。また、地球上のすべての生き物は「炭素」でできています。私たちが生活するためには「エネルギー」が欠かせません。そうした当たり前と、地球という存在。それらの「持続可能な」あり方を深く考えるきっかけとなったのが東日本大震災でした。日本には「おかげさま」という言葉があります。「おかげさま」には、自分が知らない存在である影にまで目を向け、感謝していくという意味があります。本書のシリーズを通して、自分自身の存在もまた、こうした影の「おかげさま」であることに気づき、自分と身のまわり、地球がつながっていくきっかけになればと思います。

2013年春〜
こうした世の中の動きや激しい変化の、真っただ中で生きている子どもたちが、自分たちの未来を築いていく。そのための"一粒の種"に、本書『環境を考えるBOOK』がなれれば、私たちにとって望外の喜びです。

日能研本部 教務部
『環境を考えるBOOK』企画・編集チーム

※この『環境を考えるBOOK』シリーズ第1巻の「炭素編」は、2008年2月に発行されました。続いて、第2巻の「水編Ⅰ」は、2009年3月、第3巻の「エネルギー編」は2010年9月に発行されました。そして、2011年3月11日の東日本大震災を経て、翌2012年4月に「2011メモリアル編」を発行するに至っています。

考える×続けるシリーズ

環境を考えるBOOK①
炭素から始まるお話

もくじ

🌳 『環境を考えるBOOK』シリーズ刊行に寄せて
〜子どもとともにこの本を読み進む大人たちへ〜 …………… 2

1. 日本でどんな環境問題がおこっているのだろう ……… 5
2. 地球を残しておいて下さい
グローバルフォーラム閉会の辞 ………………… 6
3. 地球規模でおきていること ……………………… 8
4. 地球上のエネルギー ……………………………… 10
5. 炭素循環 ……………………………………… 14
   炭素って何だろう？ ……………………………… 16
   炭素循環でおきていること！ …………………… 20
      森林による炭素の循環 ………………………… 20
      動物や畜産による炭素の循環 ………………… 20
      炭素の循環の速さ ……………………………… 21
      ゴミの焼却による炭素の循環 ………………… 21
      発電による炭素の循環 ………………………… 22
      電気の利用による炭素の循環 ………………… 22
      交通による炭素の循環 ………………………… 23
      セメント工業と炭素の循環 …………………… 23
   炭素のことを考える手がかり …………………… 24
6. 二酸化炭素が地球温暖化の原因と
されているのはどうしてなのか ……………… 31

地球のことを考えて私たちはどうしていくのか

7. 節電は、二酸化炭素を減らす？ …………………… 34
8. 電気をつくるのは、火力発電だけではない ……… 36
9. 電力会社で実践している
「ベストミックス」とは何だろう？ …………… 38
10. 電気の節約は何のために必要なのか？
温暖化防止以外の目的もある ………………… 40
11. 二酸化炭素を出す権利を「買う」とは？
京都メカニズムについて知ろう ……………… 42
12. 燃やしても二酸化炭素が出ない？（わけがない）
バイオエタノールの利点と問題点 …………… 44
13. 遠い国から運んだ食べ物は、
それだけ環境に負荷をかけている …………… 46
14. 人類の未来のことを考えて、
私たちはどうしていくのか …………………… 48

🌳 あとがき ……………………………………………… 49
🌳 あなたが書くはじめのページ ……………………… 50
🌳 本の紹介 ……………………………………………… 51

1 日本でどんな環境問題がおこっているのだろう

　近年は地球が温暖化しているといわれています。
　私たちの住む日本でも、過去とは違う気象や動植物の生態系が見られるようになっています。まだ、はっきりとした根拠はないものの、これは地球温暖化が影響しているのではないかと言われています。
　2007年を中心に次のようなニュースが話題に取り上げられていました。

- 1時間に50mmを超える大雨の回数が増え、1時間に100mmを超える局地的な大雨も近年各地で観測されて、洪水被害が出ている。

- 日本でのナガサキアゲハ（蝶）やクマゼミの生息域の北限が、さらに北へと移ってきている。

- 夏の最高気温が高くなり、気温が30℃以上の「真夏日」より暑い、気温が35℃以上になる「猛暑日」を、2007年から設けた。

- 台風の勢力が強くなり、以前よりも大型化した台風が日本に上陸したり、接近したりするようになった。

- 日本近海の海面温度が高いために、日本近海で台風が発生するようになった。

- 赤道付近に生息する昆虫や動植物が日本でも冬越しして生息できるようになっている。

- 日本の豪雪地帯にあるスキー場が、雪不足のため営業できなかった。

- 沖縄県などの海水温が高くなり、サンゴが白化して死んでしまうことがある。

- 夏の北海道札幌市で最高気温が34℃を超え、熱感知器が火事の熱ととらえる誤作動をおこした。

　地球環境については、1992年にブラジルのリオデジャネイロで開かれた国連環境開発会議（地球サミット）で大きく取り上げられました。その翌年に開かれたグローバルフォーラムでは、地球サミットに参加した13歳の子どもが閉会の辞（6・7ページ参照）を述べました。

　それから15年が過ぎようとしています。そして、地球の環境は温暖化という大きな問題を抱えた状態にあります。

2 地球を残しておいて下さい

グローバルフォーラム閉会の辞

1993.4.24
子ども環境機構ECHO代表　セヴァーン鈴木（13歳）

お話させて頂くこと、とても光栄です。
こんなことを言うのを許して頂きたいのですが、グローバルフォーラムを聞いていて物足りなく感じました。「価値の転換はどうすればいいか」と一生懸命に議論している大人の人たちを見ていると、難しいことを考えすぎて、簡単なことを忘れてしまっているように思うのです。

私たち子どもは自然と親密な関係を失っていません。
オタマジャクシや花や昆虫などを愛しています。
そして人間が自然の一部であることも知っています。
価値の転換の秘密は、子どもの頃を思い出すことです。自然の中で遊んだこと、それがどんなに素敵だったか、それがどんなに大切だったか、大人が何でも解決してくれると信じていたこと、何が正しく何が間違っていたかを知っていたことを思い出してください。本当に大切なことは、純白で偽りの無いことです。

あなた方の中の子どもの心は、一番大切な価値や本質を知っています。
それなのにあなた方の興味は株や出世やお金儲けのことばかりです。
いくらお金があっても自然がなければ生きては行けません。
あなた方は「子どものとき自然はいつもそばにあった」という思い出をもつ最後の世代になってしまうのではないでしょうか。

私は21世紀に21才になります。
あなた方の残した地球で生きることになるのです。
私たちが生きることのできる地球を残すためには、大きな変革を急いで実行する必要があります。本当にそれをしてもらえるでしょうか。
もしあなた方がやらなければ、一体誰がするのでしょうか。

ソマリアやバングラデシュでは子どもたちが飢えて苦しんでいます。
でも豊かな国の政府は、分け与えることをしたくないようです。
貧困や公害を無くすことのできるお金よりたくさんのお金が、破壊や戦争のために使われていることが不思議でなりません。
私は子ども環境機構（ECHO）で環境保護の活動をしていますが、いつも「経済が優先」という論争に巻き込まれます。
でもきれいな空気、水、土がなければどうやって生きていけるでしょう。

私の友達の両親はタバコを吸います。そして「タバコを吸ったらダメよ」といいます。でも、きっとその子はタバコを吸うと思います。
子どもにとって大人はモデルなのです。どうして違う行動を取れるでしょうか。
あなたはいつも言っています。「けんかをしてはいけない。生き物を傷付けてはいけない。欲張ってはいけない。分け合いなさい」と。
でもどうして、あなた方はいけないことばかりしているのですか。

私の両親は環境保護の活動をしています。私はそれを誇りに思っています。
将来を失うということはとても恐ろしいことです。お金が無くなったり株が下がったりすることとは比較になりません。
私はたくさんの動物、鳥や昆虫を見ることができましたが、果たして私の子どもはそれらを見ることができるでしょうか。
あなた方は子どものとき、こんな恐ろしい心配をしたことがありましたか。

すべてはあなた方の時代から始まっています。
そして「まだ大丈夫、まだ時間がある」ように振る舞っています。
でもオゾンホールの修復の仕方を知っていますか。
死んでしまった川に鮭を呼び戻すことができますか。
絶滅した動物たちを生き返らせることができますか。
砂漠になってしまった森を元に戻すことができますか。
それができないのならせめてこれ以上、地球を壊すのを止めて下さい。

ブラジル地球サミットのとき、リオで道に住んでいる子ども（ストリートチルドレン）を見てショックを受けました。
その一人が私に「もし僕が金持ちだったら、みんなに食べ物や服や小屋をあげるのに……」と言いました。何でも持っているあなた方がなぜあげないのですか。なぜもっと欲しがるのですか。
この会議で聞いたことは去年リオ（地球サミット）でも聞きましたが、事態はさらにひどくなったように思います。
会議で決めたことが実行されるのはいつですか。心配でたまりません。
あなた方は私たちのモデルです。私たちはあなた方のようになろうとしているのです。どうかお手本を見せて下さい。どうぞ勇気を失わないで下さい。

「正しいと信じることをしなさい」といつも言うでしょう。
どうして、そうしてくれないのですか。もう時間は残されていないのでしょう。世界中の子どもたち、未来の生命を代表して尋ねます。
「あなた方は何を私たちに残してくれるのですか」
「あなた方は何を待っているのですか」

　　　　　　　　　　　　　　　　　　　　　　　　　ありがとうございました。

3 地球規模でおきていること

◆かんばつや洪水

　地球の気温が上がるということは、大気の流れの変化につながります。
　すると、雨がふらずに水不足になるかんばつや、逆に大雨や洪水がおこったりします。そうなると、農作物がとれなくなってしまうので、私たちの食生活にも影響がでてきます。
　日本でも、1時間に100mmの猛烈な雨が降ることが増えてきています。こうした大雨は地下街に流れこむこともあります。

◆日本の動植物の変化

　かつては日本の冬の寒さで死んでしまったような南の国の動植物が、温暖化のために日本で繁殖しはじめています。

◆海に沈みそうな国

　海水面の上昇は、標高の低い地域には深刻な問題で、満潮時には海岸線の道路が波に洗われたり、水が湧き出して庭や畑が水浸しになったりするなどの被害が出ています。
　南太平洋のツバルという国では、やがて国が水没してしまうと予想されていて、すでに外国への移住が始まっているのです。

1 セアカゴケグモ

ツバルの海岸線

2 満潮時の庭

◆北極の氷が融けている

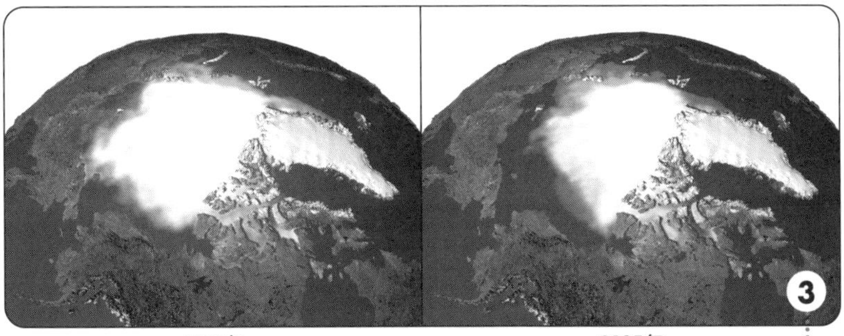

1979年

2005年

1979年と2005年の写真をくらべると、氷をしめしている白い部分が減っています。およそ30年後の2040年には、北極のすべての氷が融けてなくなってしまうという予測もあります。

北極の氷の面積が少なくなったことで、そこに暮らすホッキョクグマ（シロクマともよばれています）が絶滅の危機に直面しています。

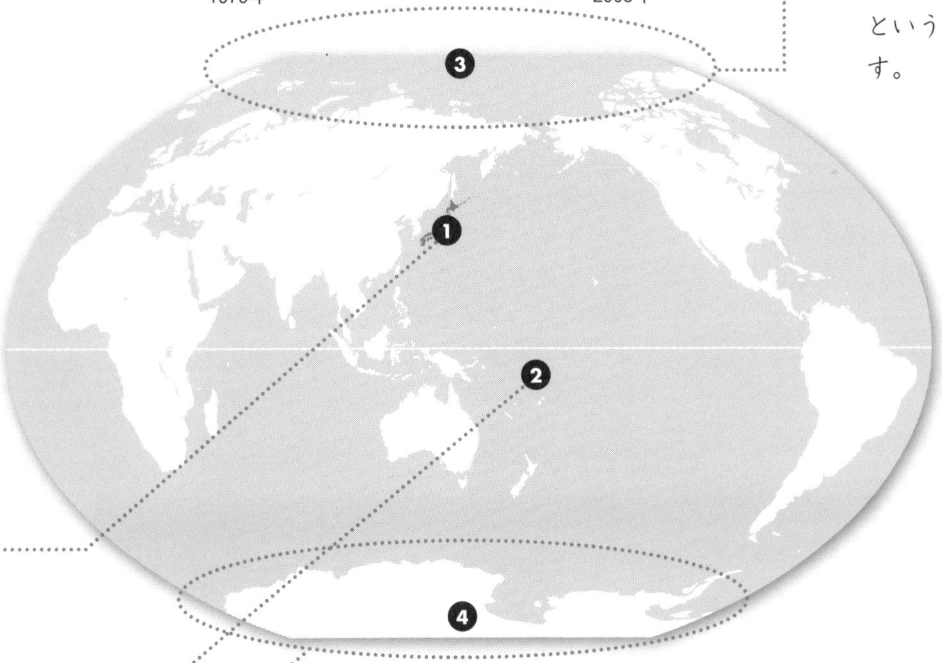

◆南極の氷や高山の氷河が融けている

北極の氷は海に浮かび、南極の氷は大陸の上にあります。北極の氷は海に浮かんでいるので、融けても海水面の上昇はありません。しかし、南極の氷や氷河が融けるとその水は海に流れ込むので、海水面の上昇を招きます。

南極のようす

崩れ落ちる氷河

3 地球規模でおきていること

4 地球上のエネルギー

　太陽の中心部では、水素の核融合によりガンマ線（波長の短い電磁波）が発生しています。このガンマ線は、太陽の外側部に到達するころには可視光線、紫外線、赤外線となり、太陽から放出されます。そして、太陽光が太陽から放たれてから地球に到達するまでの時間は、約8分17～19秒です。地球に到達した太陽光は、どうなるのでしょうか。

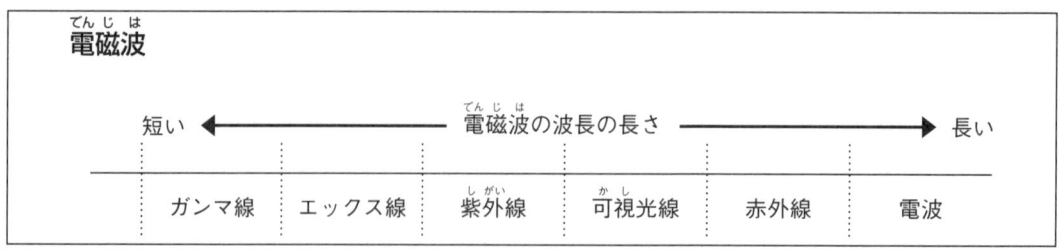

　地球に到達した太陽光は、さまざまな形でエネルギーとなります。地球に到達した太陽光線の1時間あたりの総エネルギー量は、20世紀後半の世界の1年間で消費されるエネルギーに匹敵するといわれています。ここで、地球に入ってくるすべてのエネルギーと地球から出ていくすべてのエネルギーを、地球のエネルギー収支というシステムで考えてみましょう。

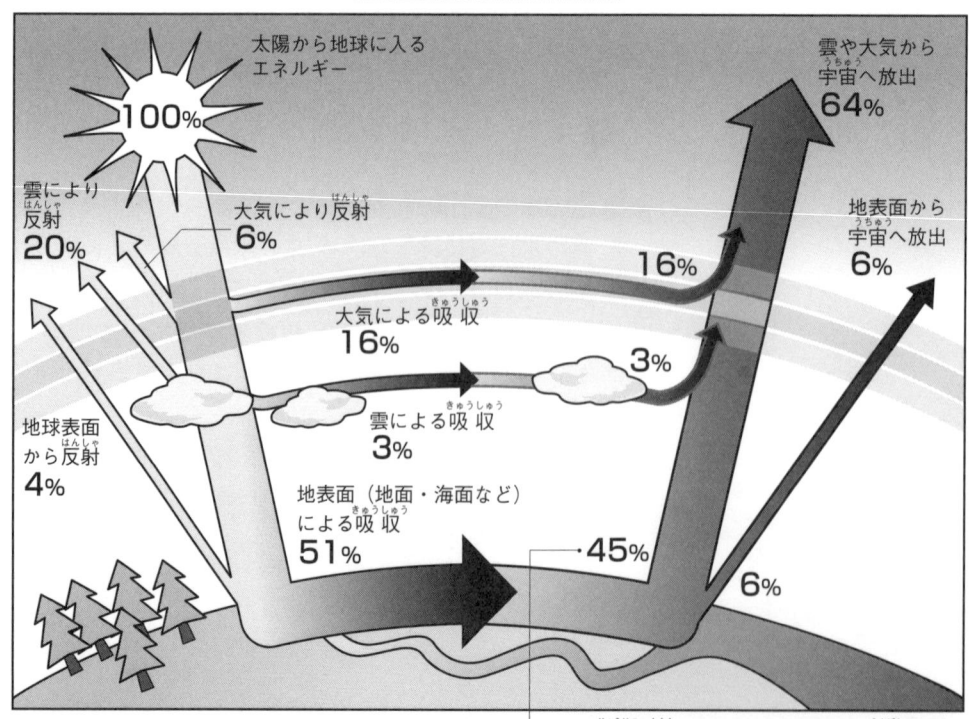

地球に注がれる太陽エネルギーの3割は、宇宙に向けて反射され、残りの7割が地球に吸収されます。そして、吸収された7割のすべてがその後、赤外線として再び宇宙へ放出されていくのです。つまり、地球が得るエネルギーの合計と、地球から放出するエネルギーの合計は等しく、均衡が保たれるのです。

　では、エネルギー収支と地球の気温の関係はどのようになっているのでしょうか。
　気温の変化は、エネルギー収支の量に影響を及ぼすことはありません。年月を経て、地球が得たエネルギーは、地球から放出されていくのです。
　一時的に地球の大気が得たエネルギーが「失うエネルギー」を上回ると、エネルギーのうち熱に変わる量も相対的に増えるため、地表面付近の気温や海面温度上昇として現れることになります。また、得たエネルギーが「失うエネルギー」を下回ると、エネルギーのうち熱に変わる量が相対的に減るため、温度が下降するのです。

　次に、エネルギーのやり取りと同じように、地球全体で見たときの炭素という物質のやり取りについて炭素循環を捉えてみましょう。

温室効果ガスの効果

　もし、地球に大気がなかったら…、平均気温は−18℃になります。（現在の平均気温15℃よりも、33℃も低くなります。）では、なぜ地球の気温は約15℃を保っていられるのでしょうか。それは、大気中に水蒸気、二酸化炭素、メタン、窒素酸化物、オゾン、フロンガスなどの温室効果ガスが含まれているためなのです。温室効果ガスは、太陽からの放射エネルギー（おもに可視光線）は通しますが、地球から宇宙に出ていこうとする放射エネルギー（赤外線）を逃がしにくいのです。そのために現在の平均気温が保たれているのです。

太陽光と人間の生活

地球に到達した太陽光は、直接的、間接的に人間の生活と関わりがあります。

たとえば、私たちの食物は、植物による光合成によって作り出されます。家畜などを育てるためにエサとして用いられる飼料は、植物が光合成によって作り出しているのです。また、太陽光は、物を干したり、乾かしたりするのに用いられます。昔から、土を乾かして土器をつくったり、食べ物を干して長期保存のできる乾物としたりしていました。さらに、日時計を作り出したり、鏡を使って合図・伝言を行ったりもしていたのです。

最近では、太陽光のエネルギーを太陽電池やタービンを用いて電力にかえる太陽光発電も行われています。間接的な部分でとらえれば、水力発電は太陽光によっておこる水の循環によって行われているし、風力発電は太陽光で暖められた空気の循環によって行われているのです。

内陸性気候の特色

内陸性気候と瀬戸内式気候のグラフは、どこに違いがありますか？　この２つの気候は、どちらも山地・山脈があるために季節風がさえぎられ、降水量が少ないという特徴があります。

違いは気温にあらわれます。太陽のエネルギーは地面や海水を暖めます。海水とくらべると、地面は暖まりやすく、冷めやすいという性質があります。そのため、海に面していない内陸では、最高気温と最低気温の差が大きくなります。これは１日の中でもおきるし、夏と冬という１年間で見たときにもあらわれています。このことから冬と夏の気温の差がより大きい方のグラフが内陸性気候のものだとわかるのです。

地面の熱についてもう一つ。冬になると橋の上などに「路面凍結、スリップ注意！」という看板が立てられていることがあります。海水にくらべると地面の熱は冷めやすいのですが、地面に接していない橋の上はもっと冷めやすいのです。そのため、冬には橋の上の道路だけが凍ってしまうことがあり、タイヤがすべって事故がおこりやすくなってしまうのです。

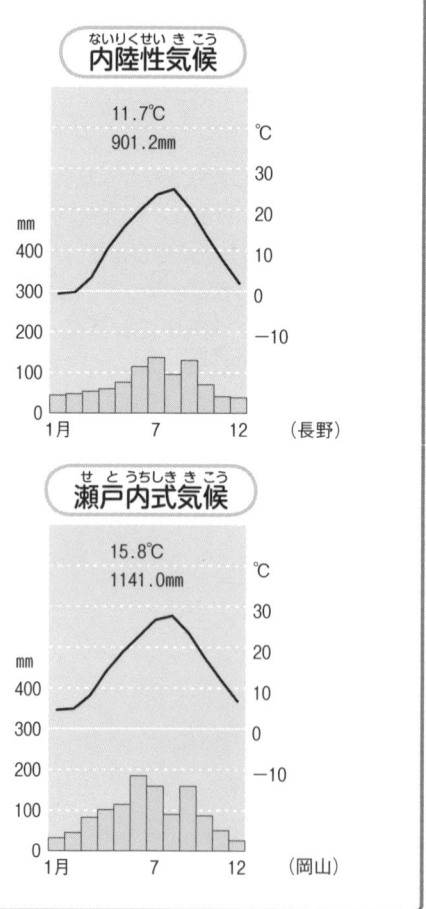

🆑 二酸化炭素について考える！

海洋汚染で炭素循環が崩れることもある

海の汚れにはどんな原因があるのでしょうか？

一つには「赤潮」があります。

赤潮とは、海水の富栄養化によってプランクトンが大量に発生し、海水の色が変化する現象です。大量発生したプランクトンは海中の酸素を大量に消費します。また、そのプランクトンが死ぬと、死骸が海底に堆積し、分解される過程で海中の酸素を消費します。そのため、海中の生物が生きられなくなる無酸素状態になります。また、魚のえらにプランクトンがつまり、魚が呼吸困難になって死んでしまいます。

赤潮　　　　　　　　　　赤潮による魚の大量死

この富栄養化の原因は、家庭で使われる合成洗剤や、田畑で使われる化学肥料に含まれる窒素やリンという物質です。どちらも、人間の生活や産業活動によるものだといえます。

もう一つには原油流出などの事故があります。

そこで生活している魚や海鳥などが、油にまみれて真っ黒になっている映像などを見たことがある人もいるでしょう。

これらの海洋汚染でおこる問題は、こうした生物が死んでしまうということだけではありません。海水面から空気の出入りが行われにくくなり、海底まで十分な日光が届かず、海中での光合成も行われなくなってしまい、光合成による炭素循環を崩すことにもなるのです。

原油流出事故で油まみれになった海鳥

4 地球上のエネルギー

5-1 炭素循環

炭素は結びつく相手を変えることによって、様々な姿で、地球上のいろいろな所にあります。

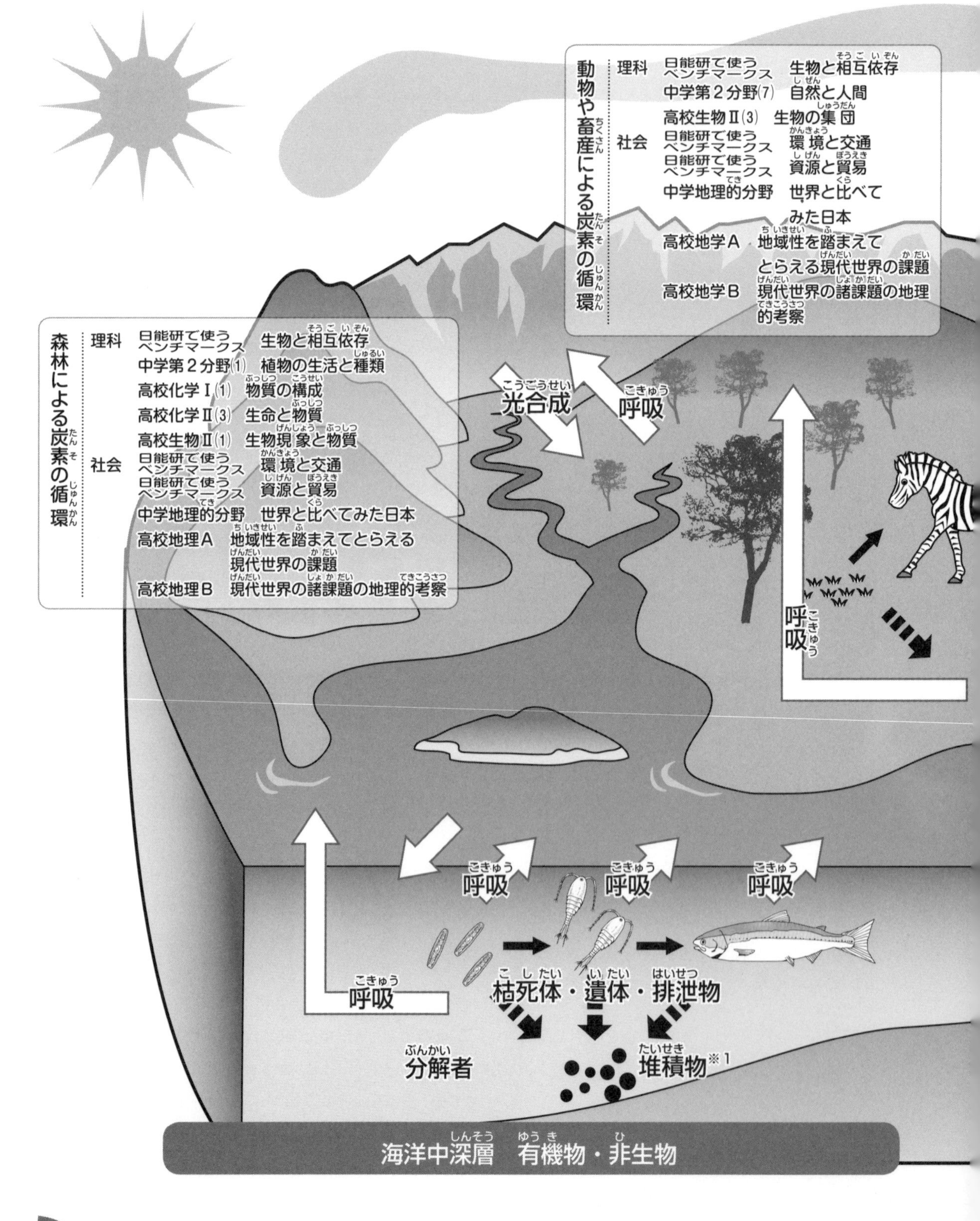

	動物や畜産による炭素の循環	
理科	日能研で使うベンチマークス	生物と相互依存
	中学第2分野(7)	自然と人間
	高校生物Ⅱ(3)	生物の集団
社会	日能研で使うベンチマークス	環境と交通
	日能研で使うベンチマークス	資源と貿易
	中学地理的分野	世界と比べてみた日本
	高校地理A	地域性を踏まえてとらえる現代世界の課題
	高校地理B	現代世界の諸課題の地理的考察

	森林による炭素の循環	
理科	日能研で使うベンチマークス	生物と相互依存
	中学第2分野(1)	植物の生活と種類
	高校化学Ⅰ(1)	物質の構成
	高校化学Ⅱ(3)	生命と物質
	高校生物Ⅱ(1)	生物現象と物質
社会	日能研で使うベンチマークス	環境と交通
	日能研で使うベンチマークス	資源と貿易
	中学地理的分野	世界と比べてみた日本
	高校地理A	地域性を踏まえてとらえる現代世界の課題
	高校地理B	現代世界の諸課題の地理的考察

光合成　呼吸　呼吸　呼吸　呼吸　呼吸　呼吸　枯死体・遺体・排泄物　分解者　堆積物※1

海洋中深層　有機物・非生物

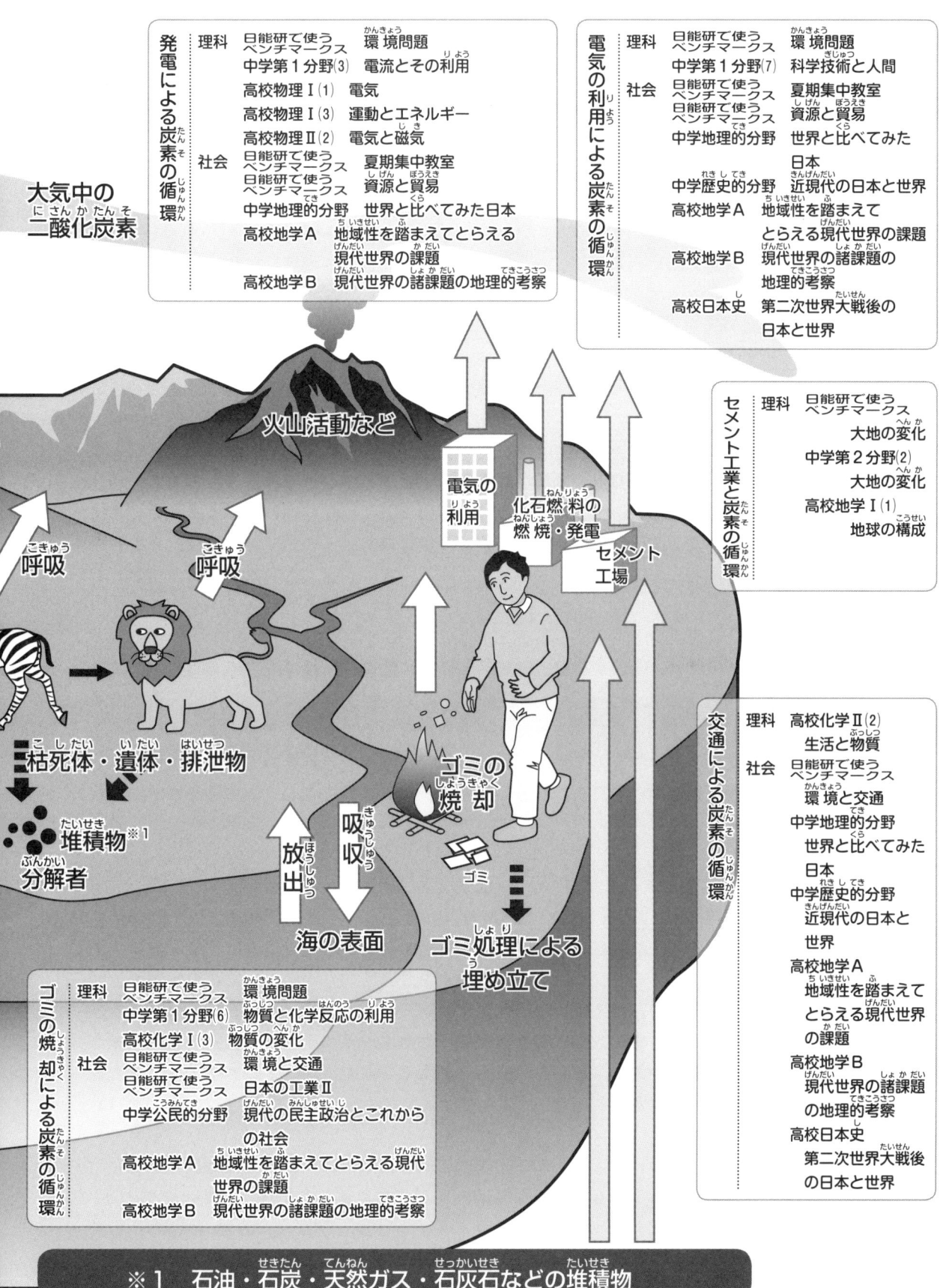

5-2 炭素って何だろう？

私たちが身近に見ることができる炭素には炭があります。炭は木を蒸し焼きにするとできます。炭は、バーベキューのときに、食べ物を焼くための燃料としたり、細かくくだいたものが、脱臭剤として使われていたりします。

炭素を物質の性質の面から見ると、融点（固体から液体になる温度）は約3550℃、沸点（液体から気体になる温度）は約4800℃です。（参考とするものによって数値が異なることがあります。）このような高温は、火山の爆発など特別な現象としてはありますが、一般的にはあまりありません。そのため、炭素は変化しにくい物質といえます。また、自然の状態では、石炭や黒鉛という鉱物として地中に多量にあります。

では、なぜ炭素が地球上に多量に存在するのでしょうか？　炭素のでき方に注目してみましょう。炭素は、太陽などの高温の場所で作られ、宇宙で5番目に多く見られる元素と言われています。そして、太陽系が生まれたときに、宇宙には、地球の内部にふくまれることになる炭素が多量に存在していたと考えられます。多量に存在するから、地球では炭素はどこにでもある物質であると言い換えることができますし、人々が古くから知っている物質ともいえます。

このような炭素の特徴から、炭素は、1961年 IUPAC（国際純正応用化学連合）によって、質量の基準とされました。世界にある様々な物質の重さを考えるときには、すべて炭素の重さが基準となっているのです。当然、あなたの体重も炭素の重さが基準です。

炭素自身は変化しにくい物質ですが、炭素はいろいろなものと結びつきやすい性質があります。炭素と何かが結びついてできた物質（化合物）は、多数存在し、ある百科事典によると1000万種とされています。

今度は、さまざまな物を炭素と結びついた化合物であるかないかに注意してみてみましょう。

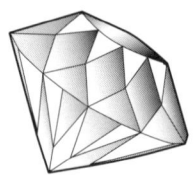

まず、炭素どうしが結びついたものがあります。炭素どうしが結びつくとき、その結びつき方が何種類かあり、そのちがいから物質の種類が分けられます。例えば、炭とダイヤモンドは同じ炭素どうしが結びついてできた固体ですが、結びつき方が違うために、その見た目や性質に大きく違いがでています。しかし、炭もダイヤモンドも、燃やすことにより、酸素と結びついて二酸化炭素になることに違いはありません。

炭素に酸素が2つ結びついたものを二酸化炭素といい、炭素に酸素が1つ結びついたものを一酸化炭素といいます。これらの物質は普通の状態では気体として存在しています。

もっといろいろな物質と炭素が結びついたものもあります。例えば、石油（液体）、石炭（固体）、天然ガス（気体）などです。エネルギー源として、私たちの生活を支える重要な物質です。また、同じように、地中にあるいろいろな物質と炭素が結びついたものとしては、黒鉛や石灰石（セメントの原料となる）などがあります。

もっと身近な物質で炭素と他の物質が結びついてできた化合物があります。それは、私たちの体内にある、たんぱく質、脂質（脂肪）、炭水化物です。人の体から水を取り除いた後の重さの60〜70%は、炭素が結びついた物質でできていると言われ、体重60kgの人だと、えんぴつのしん9000本分の重さの炭素があると考えられています。特にたんぱく質は、アミノ酸という物質が多数結びついてできています。アミノ酸自身は、主に炭素、水素、窒素、酸素が結びついてできている物質で、人体にあるたんぱく質では20種類のアミノ酸が結びついています。このアミノ酸の結びつき方によってたんぱく質の種類が違います。例えば、最初のアミノ酸がどれになるかで、20種類あり、次に結びつくアミノ酸がどれになるかで、20×20＝400（種類）のたんぱく質が考えられることになります。普通のたんぱく質は、少なくとも100個以上アミノ酸が結合したものなので、無数の種類のたんぱく質ができます。人の皮膚も、体を動かすときに使っている筋肉も、髪の毛も爪もすべてたんぱく質でできています。

　次に、身の回りにある、炭素と他の物質が結びついたものに注意を向けてみましょう。まず、理科実験室にあるアルコールランプ。その燃料のメチルアルコールは炭素と酸素、水素が結びついた物質です。また、お酒の中に含まれているエチルアルコールも同じように炭素が結びついた物質からできています。石油からつくられている物質も、炭素と他の物質が結びついてできています。代表的なのはプラスチックです。今着ている服のラベルに、ポリエステルと書かれていませんか？これは石油からつくられているせんいで、炭素と結びついている物質です。ジュースやお茶が入っているＰＥＴボトルも石油からできています。その他、消しゴム、下敷き、ボールペンなどにも石油が使われています。また、植物からつくられている紙も炭素と結びついている物質です。
　このように、まったく別のもののように思われている、石油や石炭、二酸化炭素、人の体、酢や酒、洋服、携帯ゲーム機、ノート、本などは、すべて炭素をふくんでいる仲間と考えることができるのです。

　このような視点を持つと、地球上に多量にある炭素は、結びつく相手を変えながら、いろいろな場所に存在していることがわかります。私たちは、自分の体をふくめて、炭素に囲まれて生活していると考えることもできますね。

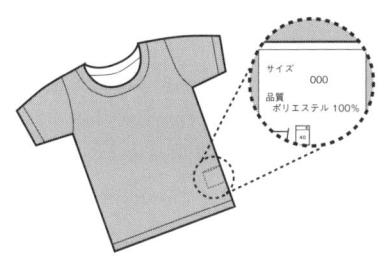 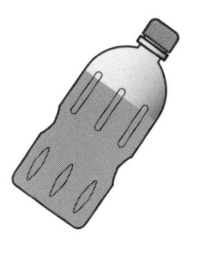 

炭素のはなし ①　有機物について

　有機物とは、一酸化炭素、二酸化炭素、炭酸カルシウム（石灰石）、青酸などの物質と炭素だけからできている物質を除いて、炭素と結びついてできた物質（化合物）のことをいいます。古くは、有機体（生物）の体内でしか製造できない物質として提唱された言葉でした。しかし、1828年に尿素という有機物が人工的に合成されたことから、その定義がくずれました。現在では、基本的に炭素と他の物質が結びついてできた化合物を指すことの方が適当であるとされています。ただし、長年、炭素だけからできているダイヤモンドや黒鉛、炭酸カルシウムなどを無機物と定義してきた歴史から、慣例として、前述の通りに、本来は有機物と定義すべき物質の何種類かは、現在でも無機物とされています。

炭素のはなし ②　深海底に二酸化炭素を捨てる？

　二酸化炭素は、水に溶けると酸性の炭酸水になります。また、普通の状態では、二酸化炭素の液体は存在せず、二酸化炭素の固体（ドライアイス）を作るためには、二酸化炭素を急速に冷やす必要があり、それには多くのエネルギー（電力）がかかります。
　ところが、二酸化炭素の気圧（まわりから押す力）を高くして温度を低くすると二酸化炭素の液体ができます。また、固体になりやすくなります。
　では、パイプを使って深海底に二酸化炭素を送り込んだらどうなるでしょう？海の中は10m深くなるごとに、大気中よりも1気圧ずつ増えていきます。（水深10mで2気圧）そこでは、すごい気圧がかかって、二酸化炭素の固体ができます。さらに、深海底に二酸化炭素を捨てることで、大気中の二酸化炭素を減らすことができます。
　この現象を利用して、火力発電などで発生した二酸化炭素を集め、海水中に捨てる研究が進んでいます。固体となった二酸化炭素が再び大気中に出るまでに千年以上かかると考えられるので、現在の二酸化炭素を減らす目的にはぴったりです。現在は、固体となった二酸化炭素が、深海底でまわりの環境に影響を与えないかを調査している段階です。

炭素のはなし ③　二酸化炭素になるまでの時間

　海水中には、多数の植物プランクトンがいます。この植物プランクトンも光合成を行って大気中の二酸化炭素を吸収しています。この植物プランクトンが、動物プランクトンや魚類に食べられることによって、陸上と同じように、炭素は姿を変えて回っているのです。そして最終的には、二酸化炭素として大気中に放出されることになります。ところが、プランクトンや魚類が死んだ場合にはどうなるでしょう？
　死体は海水中を流され、静かに時間をかけて深海底にしずみます。そして分解者によって分解されて、再び二酸化炭素が大気中に放出されることになります。しかし、陸上の生物が分解されて大気中の二酸化炭素となるまでの時間よりも、長い時間がかかると予想されています。そのため、海洋生物の二酸化炭素吸収量の研究が進むことが期待されています。

炭素のはなし ④　水にとける二酸化炭素

　炭素に酸素が2つ結びついたものを二酸化炭素といいます。二酸化炭素は普通の状態では気体として存在していて、どちらかといえば水に溶けやすい気体です。
　したがって、大気中の二酸化炭素の濃度が増加すると、海水表面に溶けている二酸化炭素の濃度も増加します。しかし、気体は水温が高くなると溶けにくくなる性質があります。このまま、温暖化が進み、気温が上がり、海水温も上昇すると大気中の二酸化炭素が増加しても、二酸化炭素が海水に溶けなくなる可能性も考えられます。また、二酸化炭素が多量に海水に溶けると、海水が酸性になっていくことが心配されています。

気体の溶解度

物質名＼温度	0℃	20℃	40℃	60℃	80℃	100℃
空気	0.029	0.019	0.014	0.012	0.011	0.011
酸素	0.049	0.031	0.023	0.019	0.018	0.017
窒素	0.024	0.016	0.012	0.010	0.0096	0.0095
二酸化炭素	1.71	0.88	0.53	0.36	—	—

各温度において1気圧の気体が水1cm³中に溶解するときの体積（cm³）を、0℃、1気圧の体積に換算してある。

炭素のはなし ⑤　炭素によって年代がわかる

　同じ炭素でも、普通の炭素よりわずかに重さのちがう炭素もあります。これを同位体といいます。自然の状態では、上空高く（成層圏）にある炭素が太陽からの光にふくまれているもの（宇宙線）に当たることによって作られています。そして、空気中にふくまれる重い炭素の割合はどこでも同じになっています。また、重い炭素は、非常にゆっくりとしたスピードで、普通の重さの炭素になります。生物は、生きている間には、普通の炭素も重い炭素も区別せずに取り込んで体をつくります。したがって、生物の体にも普通の炭素と重い炭素の両方が空気中と同じ割合でふくまれています。ところが、この生物が死ぬと、炭素の出入りはなくなります。すると、死んだ生物の中で、重い炭素は少しずつ普通の炭素になっていきます。つまり、大昔に死んだ生物の体にふくまれている重い炭素の割合を調べることによって、その生物が死んでから現在までどれぐらいの年数がたっているのかわかるのです。この方法を使って、化石になっていた生物がどれくらい昔に生きていたのか、古い建物が、どれぐらい昔に建てられていたのかを調べることができるようになりました。ちなみに、生きていた生物の体にふくまれている重い炭素の割合が半分になる時間は、およそ5700年といわれています。

5-3 炭素循環でおきていること！

森林による炭素の循環

日能研で使うベンチマークス	（中・高指導要領より）
理科　ステージⅡ・Ⅲ 生物と相互依存	中：理科第2分野(1) 　　［植物の生活と種類］ 高：化学Ⅰ(1)［物質の構成］ 　　化学Ⅱ(3)［生命と物質］ 　　生物Ⅱ(1)［生物現象と物質］
社会　ステージⅣ 環境と交通 ステージⅤ 資源と貿易	中：地理的分野 　　世界と比べてみた日本 高：地理A　地域性を踏まえてとらえる現代世界の課題 　　地理B　現代世界の諸課題の地理的考察

　森林などの緑色植物は、光合成の働きにより、二酸化炭素（無機物）から栄養分（有機物）を作ります。つまり、炭素は、気体の二酸化炭素から、結びつく相手を変えたり増やしたりして栄養分になり、植物の体になります。つまり、樹齢50年の木であれば、50年間にわたって吸収した二酸化炭素によって体が作られていると考えることができるのです。また、生物は有機物を栄養分として利用することはできても無機物を栄養分として利用することはできません。光合成は、無機物を有機物にする点で、生物にとって重要な働きをしていると考えることもできるのです。

動物や畜産による炭素の循環

日能研で使うベンチマークス	（中・高指導要領より）
理科　ステージⅡ・Ⅲ 生物と相互依存	中：理科第2分野(7)［自然と人間］ 高：生物Ⅱ(3)［生物の集団］
社会　ステージⅣ 環境と交通 ステージⅤ 資源と貿易	中：地理的分野 　　世界と比べてみた日本 高：地理A　地域性を踏まえてとらえる現代世界の課題 　　地理B　現代世界の諸課題の地理的考察

　炭素は、気体の二酸化炭素から、結びつく相手を変えたり増やしたりして、栄養分になり、植物の体になります。そして、植物は草食動物に食べられます。すると、草食動物の体に移動した炭素は、再び結びつく相手を変えて、草食動物の体をつくるもとになります。このようにして、炭素は移動していきます。

　そして、家畜や草食動物は、肉食動物に食べられ、肉食動物の体をつくるもとになります。これは、草食動物の体にあった炭素が、肉食動物に移動したということになります。

　また、植物から草食動物や肉食動物に移動した炭素は体をつくるもとになるだけでなく、それぞれの生物の呼吸によって二酸化炭素になり、再び空気中に戻っていくのです。

炭素の循環の速さ

炭素は地球上で循環しています。

しかし、人間が地中に眠っていた化石燃料をほり出して大量に使用したことで、大気中の二酸化炭素を植物が光合成によって体内に取り入れたり、植物を食べた動物が死んで土に還っていったりという自然界の炭素の循環速度を超えてしまったのです。そのために、大気中の二酸化炭素の濃度が上がっているととらえられています。

人間の活動によって炭素の循環速度が変わってしまったことが、地球温暖化につながっていると考えられているのです。

ゴミの焼却による炭素の循環

日能研で使うベンチマークス	（中・高指導要領より）
理科　ステージⅢ・Ⅳ 環境問題	中：理科第1分野(6)[物質と化学反応の利用] 高：化学Ⅰ(3)[物質の変化]
社会　ステージⅣ 環境と交通 ステージⅤ 日本の工業Ⅱ	中：公民的分野　現代の民主政治とこれからの社会 高：地理A　地域性を踏まえてとらえる現代世界の課題 　　地理B　現代世界の諸課題の地理的考察

木材や紙など、私たちが使うものはいずれも炭素から成り立っています。

これらがゴミとなったとき、燃やして処分をすると、短時間に大気中の二酸化炭素となります。一方、土の中に埋め立てて処分すると、その炭素は、腐敗などにより、長時間かけて大気中の二酸化炭素となったり、一部は、炭素からなる石油・石炭などの堆積物へと変化したりしていきます。

発電による炭素の循環

日能研で使うベンチマークス	（中・高指導要領より）
理科　ステージⅢ・Ⅳ 環境問題	中：理科第1分野(3) 　　　［電流とその利用］ 高：物理Ⅰ(1)［電気］ 　　　物理Ⅰ(3)［運動とエネルギー］ 　　　物理Ⅱ(2)［電気と磁気］
社会　ステージⅠ 夏期集中教室 ステージⅤ 資源と貿易	中：地理的分野 　　　世界と比べてみた日本 高：地理A　地域性を踏まえてとらえる現代世界の課題 　　地理B　現代世界の諸課題の地理的考察

　日本の発電では、電気供給のベースとなる部分は水力、地熱、原子力でまかない、季節や時間によって変動する需要については、火力などで対応します。火力発電は発電量の調節がしやすいからです。

　火力発電では、石油や石炭、天然ガスなどの地下資源を燃料にして発電をします。使用された燃料は、二酸化炭素となって大気中に放出されていきます。

電気の利用による炭素の循環

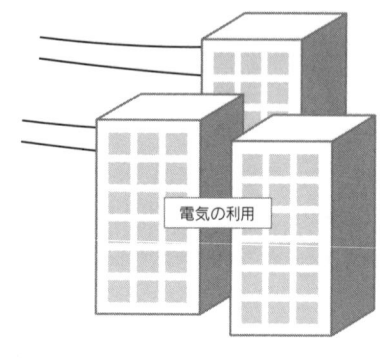

日能研で使うベンチマークス	（中・高指導要領より）
理科　ステージⅢ・Ⅳ 環境問題	中：理科第1分野(7) 　　　［科学技術と人間］ 高：――
社会　ステージⅠ 夏期集中教室 ステージⅤ 資源と貿易	中：地理的分野 　　　世界と比べてみた日本 　　歴史的分野 　　　近現代の日本と世界 高：地理A　地域性を踏まえてとらえる現代世界の課題 　　地理B　現代世界の諸課題の地理的考察 　　日本史　第二次世界大戦後の日本と世界

　電気を多く使用するということは、火力発電量を増やすことにつながります。このことによって、火力発電による大気中への二酸化炭素の排出がおこります。

　また、電気を利用する地域が増えると送電線も長くなります。発電所から電気を利用する地域までの距離が長くなればなるほど、電気を送る過程で送電ロスがおこるので、電気がむだになってしまいます。

交通による炭素の循環

日能研で使うベンチマークス	（中・高指導要領より）
—	中：—— 高：化学Ⅱ(2)［生活と物質］
社会　ステージⅣ 環境と交通	中：地理的分野 　　世界と比べてみた日本 　　歴史的分野 　　近現代の日本と世界 高：地理A　地域性を踏まえてとら 　　　　　える現代世界の課題 　　地理B　現代世界の諸課題の 　　　　　地理的考察 　　日本史　第二次大戦後の日本 　　　　　と世界

　エンジンのついた乗り物は石油や石炭などの化石燃料を使用します。たとえば自動車を動かす燃料であるガソリンは石油からつくられます。この化石燃料は、地球上に動植物の体をつくって存在していた炭素が、死んだり枯れたりした後に長い年月をかけて変化したものです。
　燃料として利用された化石燃料は、二酸化炭素となって大気中に放出されます。
　ただし、原油からガソリンをつくる過程では、ガソリン以外にもナフサや灯油、ジェット燃料などのいろいろなものができます。中でもナフサは、化学繊維やゴム・プラスチックなどいろいろな製品の原材料となっています。つまり、ガソリンだけ節約しても、その他の石油を使うものが大量に使用される限り、ガソリンもつくられていきます。

セメント工業と炭素の循環

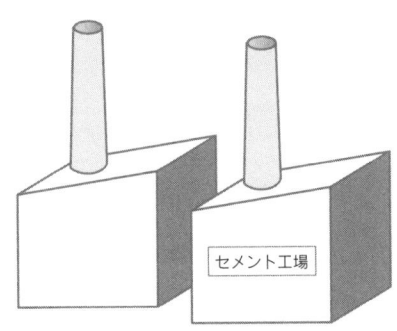

日能研で使うベンチマークス	（中・高指導要領より）
理科　ステージⅣ 大地の変化	中：理科第2分野(2)［大地の変化］ 高：地学Ⅰ(1)［地球の構成］

　空気中の二酸化炭素は、海水中にとけます。海水中ではサンゴが海水にとけた二酸化炭素とカルシウムを利用し、骨格をつくります。これが石灰岩のもとになります。一度、石灰岩になると、酸性の物質にふれるなどの化学反応をおこさない限り、大気中に二酸化炭素として放出されることはありません。石灰岩は加工されてセメントになりますが、セメントに加工される段階でも大気中に二酸化炭素が放出されます。

5-3 炭素循環でおきていること！

5-4 炭素のことを考える手がかり

理科　日能研で使うベンチマークス　地球と天体
　　　中学第2分野(4)　天気とその変化
社会　中学公民的分野
　　　現代の民主政治とこれからの社会
　　　高校現代社会
　　　現代の社会と人間としての在り方生き方

放牧と砂漠化 →P26

肉を食べると食料不足になる？ →P27

理科　高校生物Ⅱ(3)　生物の集団
社会　中学公民的分野
　　　現代の民主政治とこれからの社会
　　　高校現代社会
　　　現代の社会と人間としての在り方生き方

社会　日能研で使うベンチマークス
　　　食糧生産のようす
　　　中学公民的分野
　　　現代の民主政治とこれからの社会

熱帯林の伐採 →P26

理科　高校生物Ⅱ(3)　生物の集団

「間伐」すると!? →P26

理科　中学第2分野(7)　自然と人間
　　　高校生物Ⅱ(3)　生物の集団

カーボンオフセット →P30

理科　中学第2分野(7)　自然と人間
　　　高校生物Ⅱ(3)　生物の集団

カーボンニュートラル →P30

理科　中学第2分野(7)　自然と人間
　　　高校生物Ⅱ(3)　生物の集団

カーボンクレジット →P29

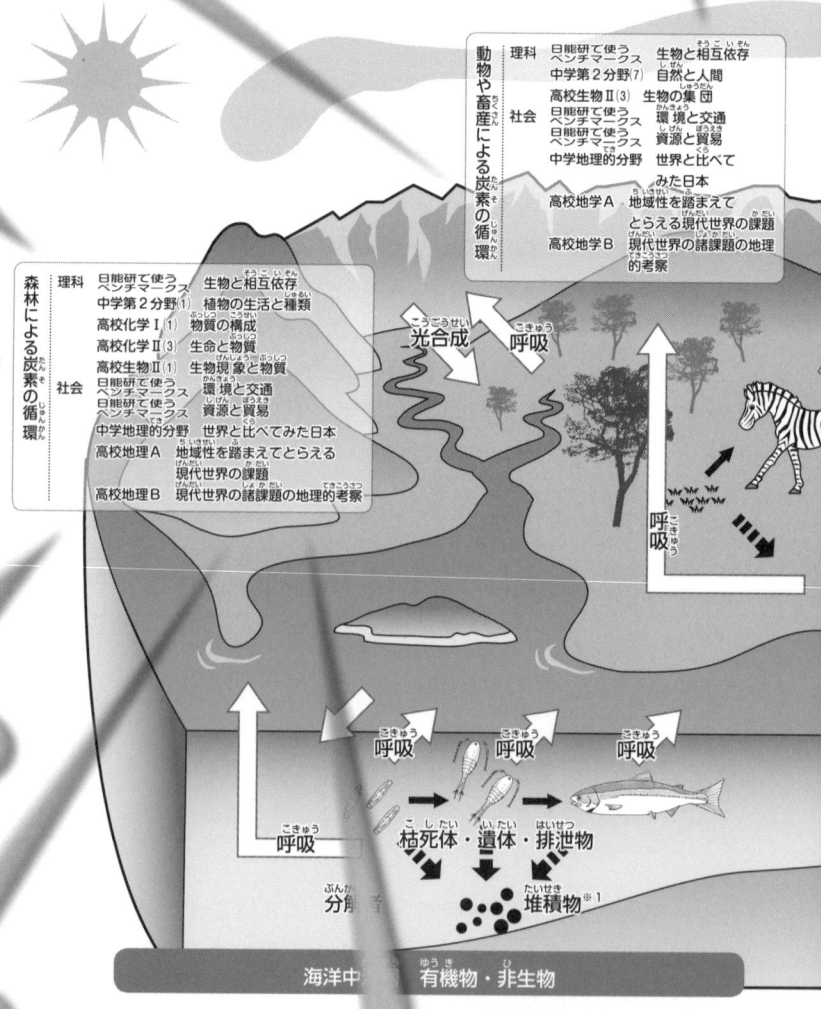

環境を考えるBOOK① 炭素から始まるお話

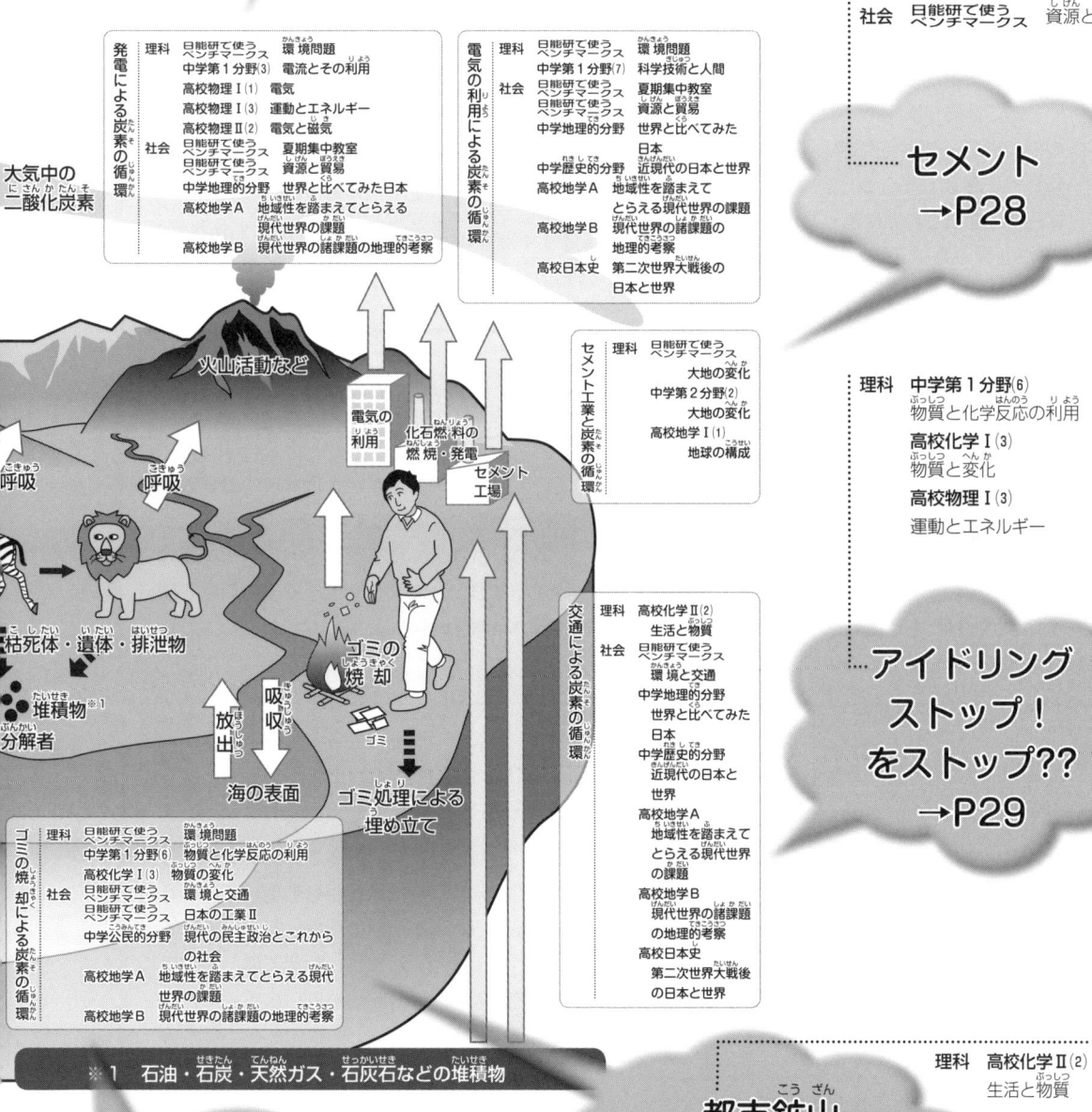

5-4 炭素のことを考える手がかり

熱帯林の伐採

　日本は熱帯ではないから、「熱帯林の伐採なんて関係ないよ」と考える人がいるかもしれません。本当にそうなのでしょうか？
　現在、熱帯木材の輸入量が多い国は中国ですが、2000年までは日本が熱帯木材の輸入量の最も多い国でした。今でも、伐採された熱帯林のおよそ5分の1は、日本で使用されています。
　木材の使用だけが、熱帯林の伐採と関係しているのではありません。1980年代には、熱帯のマングローブ林を伐採してエビの養殖場が作られてきました。養殖されたエビは、おもに日本に輸出されていました。
　最近、天然素材で環境にやさしいと宣伝され、日本でも販売されている「天然ヤシ洗剤」ですが、マレーシアやインドネシアでは原料になるアブラヤシの栽培のために、熱帯林が伐採されています。
　食料や製品の流れに注目すると、熱帯林の伐採と日本は深いつながりがあるのです。

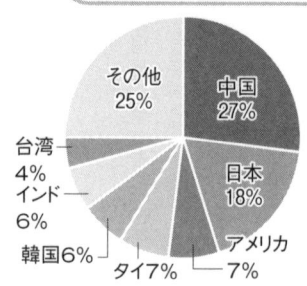

熱帯木材輸入国（2005年）
中国 27%
日本 18%
アメリカ 7%
タイ 7%
韓国 6%
インド 6%
台湾 4%
その他 25%

（ITTO Annual Reviewより作成。丸太、製材、合板等の丸太換算合計）

放牧と砂漠化

　アフリカやオーストラリア、アジア内陸部などでは家畜を放牧しすぎることで、これまでにも砂漠化がおきてきました。これは家畜が生えている草を根まで食べつくしてしまい、植物の生えない土地になってしまったからです。
　地面は暖まりやすく冷めやすい性質をもっているので、植物の生えない土地は日中の気温がとても上がるようになります。そして、風によって砂漠の砂が運ばれ、砂漠は広がっていくのです。
　砂漠化を食い止めるために、砂漠の周囲で植林を行い緑地を増やすことなどが行われています。

「間伐」すると!?

　人工林などでは、生長途中の木を何本か伐採してしまいます。これを「間伐」といいます。間伐をすることは森林を減らすことではありません。森林の木に日光が十分にとどくようにするという意味があります。それによって、森林でさかんに光合成が行われます。
　一方、天然林ではツルやツタが木に巻きついて日照をさえぎり、木が枯れていきます。人工林で人の手で行われる間伐と同じことが、自然の中では植物によって行われているのです。
　人工林で間伐された木は間伐材といって、木材として利用されます。日本で作られる割りばしの多くは、こうした間伐材を利用して作られていますから、木を無駄に伐採して作っているのではありません。しかし、近年では、中国などからの輸入が大部分を占めています。
　使用後の割りばしの処理の方法で、炭素の循環が変わってきます。燃えるゴミとして処分すると、短い期間で二酸化炭素になっていきます。一方で、燃やさずに埋めたりすれば、長い時間かかって石油・石炭などの堆積物になっていきます。

肉を食べると食料不足になる？

人類は狩りや漁をして生活していましたが、農耕をするようになり、安定して食料を得られるようになりました。現在では、食料としての肉を手に入れるためには、狩りではなく、畜産業がそのほとんどをしめています。

しかし、その畜産業が、食料不足を招いていると言われています。

もし、世界中の人が田畑で作られる穀物だけを食べて生活したら、60億人を超える世界の人たちに十分な食料が行き渡ります。しかし、肉を食べるために畜産業をすることで、多くの穀物が家畜のエサ（飼料）になっています。牛肉1kgを生産するのには約11kg、豚肉1kgを生産するのには約7kg、鶏肉1kgを生産するのには約4kgの飼料穀物が必要とされています。

家畜を育てるのに必要な穀物量で考えると、肉を食べるというのはとてもたくさんの穀物を食べているのと同じことなのです。この分の穀物を人間が食料にしたら、計算上食料不足はなくなるといわれています。

送電ロス

発電所で作られた電気は、電線を通って家などに送られています。しかし、長い距離を通ってくる途中で、電線の抵抗によって、電気の一部は熱となって空中へと逃げてしまいます。これを「送電損失」や「送電ロス」といっています。

現在では、電線を銅から※抵抗の少ないアルミニウムに変えたり、最短距離で電気を送るようにしたりしています。

2008年1月に経済産業省は、アメリカと連携して電気抵抗がゼロになる送電線材料の開発に共同で取り組む方針を発表しました。これが実用化されれば送電ロスがなくなり、発電所で作られた電気が空中に逃げることなく、家庭などまで届けられることになります。

※アルミニウムは銅よりも軽いので、電線を太くすることにより、銅の電線より抵抗を少なくしています。

5-4 炭素のことを考える手がかり

セメント

セメントは、石灰岩や粘土などを焼き、粉状にしたもので、水で練ることで化学反応をおこして固まっていきます。

資源の多くを輸入に頼っている日本ですが、石灰岩は自給できていて、資源の少ない日本にとって、重要な産業の一つになっています。

セメントは建築用や土木用として、一戸建てやマンション・アパートなど皆さんの住んでいる家にも使われていますし、学校や会社のビルなどにも使われています。

MOTTAINAI（もったいない）

MOTTAINAI。これは2004年のノーベル平和賞を受賞した、ケニアの元環境副大臣ワンガリ・マータイさんが世界に広めていった言葉です。

これは皆さんが知っている、日本語の「もったいない」です。もったいないとは漢字では「勿体無い」とも書きます。「もったい」とは「物体」とも書き、外見や態度の重々しさや物の品位といった意味の言葉です。「勿体無い」とは、使えるものなのにそのままにしておいたり、むだにしてしまうのが惜しいといった意味があります。

江戸時代の日本は、循環型の社会でした。直して使えるものは専門の職人に直してもらい、本当に使えなくなるまでゴミにはしませんでした。ですから、江戸の町はゴミの落ちていない町だったといわれています。

今の皆さんのくらしや町の様子はどうでしょうか？

都市鉱山

日本は「鉱物の標本室」とか「鉱物の博物館」などとよばれます。これは、多くの種類の鉱物が採れるけれども、その量が少ないという意味です。

そんな日本に「都市鉱山」という言葉があります。人口が密集している日本の都市には、本当の鉱山はありません。都市で生活する人々の使用する電気機器などに、鉱物を原料にしたものが含まれているということなのです。

もともと日本では大量には採れないものですが、輸入されて電気機器の部品などに使用されている鉱物があります。特に、ディスプレイに使われるインジウム、電子部品に用いられる金や銀、電子回路のはんだに使われる鉛については、推定量で日本が世界一になるそうです。

その一方で、リサイクルが徹底されていないため、廃棄物に含まれたまま日本の国外にこうした鉱物が出て行ってしまうことも、問題点としてあげられています。

 二酸化炭素について考える！

アイドリングストップ！をストップ??

　信号待ちの間などにエンジンを一度切ることで、空気中に排出される二酸化炭素やその他の排気ガスを減らすことをアイドリングストップといいます。

　エンジンをかけっぱなしにしたまま停車している（アイドリング）と、その間中、ガソリンを燃やしつづけているのでもったいないし、排気ガスも出るし、二酸化炭素も出るし…だから、エンジンを一度切ろう、というのがアイドリングストップです。

　でも、環境問題は複雑な要素がからみあいます。車のエンジンは、一旦切ってかけなおすときに、たくさんの燃料を使います。

　止めたりかけたりしていると、かえって燃料を使ってしまいます。それに、何度もエンジンを切ったりかけたりを繰り返すことで、モーターのいたみが早いともいわれます。

　一分以上の停車が予想されるときはアイドリングストップをしたほうがいいといわれています。つまり、いつでもどこでもただエンジンを切ればいいというわけでもないようです。

　もうひとつ、これは運転する人によりますから、いちがいには言えませんが、アイドリングストップをしたあと、エンジンをかけるのが遅いために、渋滞がおきる原因をつくってしまう人もいるそうです。渋滞すると、車の列がズラリとつながってしまい、たくさんの車がノロノロ運転になってしまいます。そうすると、アイドリングするよりももっとエネルギーがムダになるし、二酸化炭素も出てしまうそうです。

　しかし最近では、停車すると自動的にエンジンが切れて、発車しようとすると自動的にエンジンがかかるバスなども目にするようになりました。個人個人の要望や意識を受け取る事によって、自動車をつくる会社も二酸化炭素について考えているのですね。

二酸化炭素について考える！

　二酸化炭素の削減に関連する話題では、「カーボン〇〇」という言葉がよく使われています（カーボンは英語で炭素のこと）。そうした言葉を紹介します。

カーボンクレジット

　先進国での産業活動によって排出されている二酸化炭素には、排出量の上限が決められています。その上限を超えて排出されている二酸化炭素を、排出の少ない国が買い取ることのできるしくみ（42ページ参照）をいいます。これは、国と国との商業的な取り引きといった面もあります。

　この中には、京都議定書で定められた「クリーン開発メカニズム」があります。クリーン開発メカニズムでは、先進国が、開発途上国の工場への技術や資金の提供、植林などの支援を行います。その結果、温室効果ガス排出が削減されたり、温室効果ガスの吸収量が増加したりします。

　先進国は、この分を温室効果ガス排出量削減の一部にあてることができます。開発途上国にとっても、先進国の技術や資金で開発の支援をしてもらえるという良い点があります。

CO₂ 二酸化炭素について考える！

カーボンニュートラル

14ページにある炭素循環（カーボンサイクル）で、特に二酸化炭素の排出と吸収のバランスがとれていて、大気中の二酸化炭素の増減に影響を与えない状態をカーボンニュートラルといいます。

植物を例にとると、光合成で吸収した二酸化炭素によって、植物の体がつくられています。植物が燃えたときに放出される二酸化炭素は、もともと、大気中にあった二酸化炭素なので、プラスマイナスゼロになっているという考え方です。

そのようなことから、トウモロコシやサトウキビを蒸留して得られるアルコール（44ページ参照）からつくる「バイオ燃料」が注目されています。これらの植物は、生長する過程で二酸化炭素を吸収していきます。成長する期間が早く、1年単位の短い期間で二酸化炭素の吸収と排出がプラスマイナスゼロになっているため、地球温暖化防止につながるとされています。

ただし、この循環の期間をどの長さでとらえるのかによっては状況が変わります。炭素循環の長い年月で考えれば、化石燃料も排出だけではなく、循環していると見ることができます。

CO₂ 二酸化炭素について考える！

カーボンオフセット

産業活動などによって排出される二酸化炭素を吸収するため、企業やその商品やサービスを利用する人などがお金を出して、そのお金で森林などを育てて排出された二酸化炭素を吸収させようという考え方です。

2008年の年賀状では、寄付金のついた「カーボンオフセットはがき」も販売されていました。

二酸化炭素の排出と吸収のバランスをとるという点では、カーボンニュートラルと同じような考え方です。

6 二酸化炭素が地球温暖化の原因とされているのはどうしてなのか

大気中の二酸化炭素量が世界で測定されるようになったのは最近のことです。

過去の二酸化炭素量を知るには、極地方にある氷に深い穴を掘って、古い氷の中の二酸化炭素濃度などを測定する方法をとっています。なぜそれで過去の二酸化炭素量がわかるのかというと、毎年の積雪が押し固められて氷になり、中にそのときの空気が閉じ込められているからです。

こうした測定によって、地球上に恐竜がいた今から約1億年前には、二酸化炭素濃度は今よりも高かったとされています。

地球を動植物の暮らせる環境にしてくれている二酸化炭素ですが、増えすぎると熱が地球に溜まってしまい、地球温暖化の原因になるのではないかと疑われています。地球の平均気温グラフからは、地球の気温がだんだんと高くなってきていることが読み取れます。

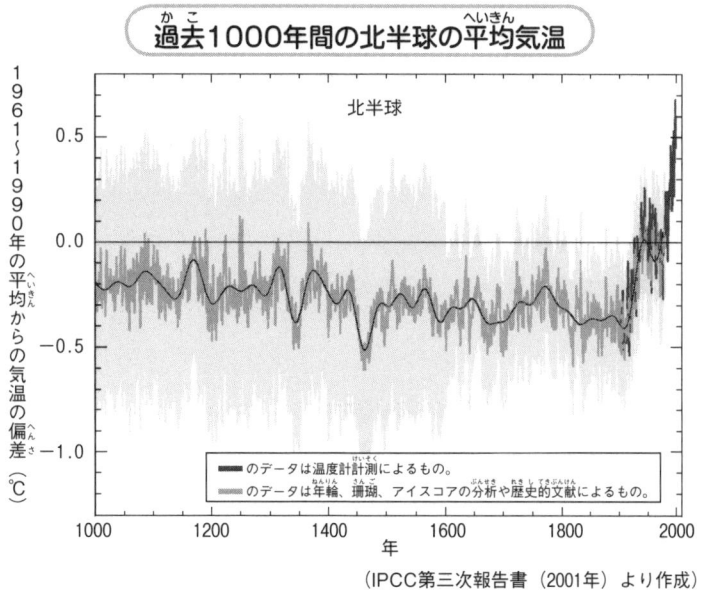

過去1000年間の北半球の平均気温

(IPCC第三次報告書（2001年）より作成)

温室効果を持つ気体（温室効果ガス）には、二酸化炭素のほかにも、水蒸気、メタン、一酸化二窒素（笑気ガス…麻酔剤）、代替フロンなどがあります。

このように温室効果ガスには種類があるのに、なぜ二酸化炭素がいちばん注目されているかというと、イギリスから始まった産業革命以後、人類による産業の発展とともに、次のグラフからも読み取れるように、二酸化炭素濃度が特に高くなっているためです。

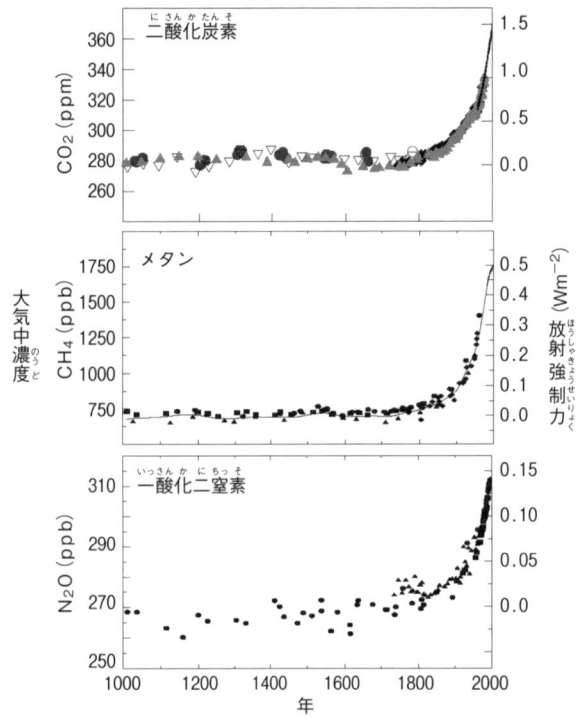

産業革命
　18世紀から19世紀にかけて、機械を使った工業生産が行われるようになり、大量生産が可能になったことをいいます。産業革命の時期の蒸気機関の発明以後、石炭などの化石燃料が大量に使われるようになっていきました。

※ppmは容積比で100万分の1、ppbは容積比で10億分の1をあらわします。
（IPCC第三次報告書（2001年）より作成）

　そして、この二酸化炭素の濃度のグラフの変化に近い形で、地球の平均気温グラフも移り変わっているからです。

　そのほかにも、人口の増加などもグラフで表せば同じような形をしています。しかし、何億人もの人口を急に減らす方法は、人の命を奪うほかなく、私たちが実行できるものではありません。

　これまでの調査などから、大気中の二酸化炭素の濃度と気温の上昇は強い関係があるだろうとされています。しかし、ニワトリと卵の関係のように、どちらが先なのかはわかっていません。二酸化炭素が増えたから気温が上がるのではなく、気温が上がると二酸化炭素が増えるという可能性もあります。

　しかし、地球の温暖化の原因がはっきりわかってからでは、対策をしても遅いかもしれません。また、二酸化炭素と地球温暖化との間に強い関係があることはまちがいなさそうです。そのため、地球温暖化防止のために「二酸化炭素」の排出をまず減らそうということが言われているのです。

　温室効果ガスのうち、もっとも温室効果の高いものは「水蒸気」だと言われています。しかし、水蒸気は二酸化炭素のように減らすことの対象となっていません。それは、人間の手によって大気中の水蒸気の量を調整することは難しいからです。

7 節電は、二酸化炭素を減らす？

8 電気をつくるのは、火力発電だけではない

9 電力会社で実践している「ベストミックス」とは何だろう？

11 二酸化炭素を出す権利を「買う」とは？ 京都メカニズムについて知ろう

10 電気の節約は何のために必要なのか？ 温暖化防止以外の目的もある

省エネ家電 vs 3R？

電力の特性 ニューヨークでおきた大停電

地球のことを考えて私たちはどうしていくのか

13 遠い国から運んだ食べ物は、それだけ環境に負荷をかけている

12 燃やしても二酸化炭素が出ない？（わけがない）バイオエタノールの利点と問題点

節電は、二酸化炭素を減らす？

「夏の冷房時の設定温度を26℃から28℃に2℃高くする」
　これは環境省※「チームマイナス6％」のページに書かれていた、二酸化炭素削減のための行動目標です。
——電気を節約して地球温暖化防止に貢献する
　いまや、ごくあたりまえになったこのフレーズ。テレビでも新聞でも、もしかしたら家でも学校でもよく耳にする言葉かもしれません。

　冷房の温度を2℃高くすることが、どうして二酸化炭素の削減につながるのか、みなさんは説明できますか？「そんなのあたりまえじゃん」という人も「あ、そういえば説明できないかも…」という人も、もう一度いっしょに考えてみましょう。

> 冷房の設定温度を2℃高くする
> →部屋を冷やすための電気を節約できる。
> 　→その電気は、火力発電所で化石燃料（天然ガスや石油）を燃やしてつくられている。
> 　→つまり、設定温度を2℃上げることが化石燃料を使わないことにつながり、結果的には二酸化炭素の削減につながる。

というわけです。

　同じように、環境省が提案しているほかの5つの二酸化炭素の削減方法についても、「それがどうして二酸化炭素の削減につながるのか」を説明できるでしょうか。しくみもわからずに「言われたからやる」という関わり方から、自分の行動がどうして温暖化防止につながっているのかを「理解した上でやる」という関わり方に変えられるように考えてみましょう。

> **環境省が提案する6つの行動（Act）**
> Act1　温度調節で減らそう…………冷房時は28℃、暖房時の室温は20℃にしよう。
> Act2　水道の使い方で減らそう……蛇口はこまめにしめよう。
> Act3　自動車の使い方で減らそう…エコドライブをしよう。
> Act4　商品の選び方で減らそう……エコ製品を選んで買おう。
> Act5　買い物とごみで減らそう……過剰包装を断ろう。
> Act6　電気の使い方で減らそう……コンセントからプラグをこまめに抜こう。

※「チーム・マイナス6％」は、2005～2009年12月まで政府が主導した地球温暖化防止のための国民運動でしたが、2010年より一層のCO_2削減に向けた「チャレンジ25キャンペーン」に生まれかわりました。

電気の特性

ニューヨークでおきた大停電

　みなさんは、2003年の8月14日にニューヨークでおきた大停電の話を聞いたことがありますか？　この日、ニューヨークは、じつに29時間にもわたる大停電によって大混乱におちいりました。町のあかりは消え、地下鉄が止まり、人びとは家に帰ることもできなくなりました。
――自動車はガソリンで走るから大丈夫だろう？
　いいえ。自動車もまったく使えませんでした。なぜでしょうか。
　道路の信号機は電気で動いています。信号機が消えてしまったら、交通量の多いニューヨークの道路はとても使える状態ではありません。結果として、道路には自動車が止まったまま。その間をぬうように人びとが歩いて移動する。そんな状況でした。もちろん、飛行機のスケジュールも電気で動くコンピュータで管理しているので飛べなくなりました。電気と一見関係ないような水道も、水をきれいにするシステムを電気で動かしているので、飲むのが危険な状態になりました。
　なぜ、こんな事態におちいってしまったのでしょう。
　それには、次の①～③の電気の特性が大きく関わっているといいます。

電気の特性
- 発電された電気は
  貯めておくことができない…………………①
- 電気は電圧が高い方から低い方へ流れる…②
- 電気は秒速37万キロメートルで
  移動する………………………………………③

　こうした3つの特性をふまえて、この大停電を説明すると次のようになります。

> ニューヨーク以外の地域（オハイオ州説が最有力）の送電管理システムのトラブルによって、ある地域だけ急に電圧が下がった
> ↓
> 近隣からその地域に過大な電気が流れこみ、その急激な変化によるショックでその発電所も停止（安全システムが働くから）
> ↓
> 同じような連鎖反応によって次々と発電所が停止し、結果ニューヨークをふくむ8つの州にまたがる大停電に！

　これがもっとも有力な説だとされています。なぜ「説」なのかというと、電気は光と同じくらいの速さですすむため、現実には瞬時に全部の発電所がストップしたようにしか見えないからだそうです。
　電気が貯めておけるエネルギーであれば、トラブルがおきても、前もってつくっておいた電気で急場をしのげばよいでしょう。それができないうえに、電気は電圧は高い方から低い方へと流れるという特性をもっているために、ニューヨークの大停電はおきたのだといえるのかもしれません。いずれにしても、たった一か所のシステムトラブルが8つの州に影響を与える大停電になるということは、日本も決して他人事ではありませんね。

電気をつくるのは、火力発電だけではない

　電気を節約することが、二酸化炭素の削減につながるという理由はわかりました。でも、日本でつくられている電気のすべてが火力発電によるものではありません。次のグラフを見てみましょう。

水力 8.3%	火力 59.0%			原子力 31.0%	その他1.7%
	石油 9.5%	石炭 25.7%	LNG 23.8%		

（経済産業省資源エネルギー庁「日本のエネルギー2007」より作成）

　日本は、火力発電の割合がもっとも多くて、続いて原子力、水力、その他は新エネルギーなどによる発電です。さっきの話に出てきた「化石燃料」を使う発電は、このうち火力発電だけです。

　では、そもそも火力発電はやめてしまって、全部水力や原子力、新エネルギーにすればよいのでは？という考えもあります。単純に考えるとそうかもしれません…しかし、そんなに単純な話でもないのです。

　まず、発電の方法にはそれぞれによいところと課題になるところがあるということに目を向けてみましょう。下の表はそれを簡単にまとめたものです。

	よいところ	課題になるところ
水力発電	水の力で電気をつくるので、燃料費がほとんどいらない。空気をよごすこともない。	大きな発電所をつくれるような土地がもうない。発電所をつくるときに、山などの自然をこわすことになる。
火力発電	燃料がむだなく電気になるので、つくる電気の量を調節しやすい。	電気をつくるときに、二酸化炭素や空気をよごす物質が出る。燃料の天然ガスや石油にかぎりがある。
原子力発電	少ない燃料でたくさんの電気がつくれるうえに、燃料のウランは何回もリサイクルできる。	燃料のウランは、放射線が出る物質なので、あつかいかたがむずかしく、危険をともなう。ひとたび事故がおきると大惨事になる。

　例えば、ものすごく極端な話ですが、日本で使うすべての電気を原子力で発電したらどうなるのでしょう。ちょっと想像してみてください。

たしかに原子力発電は化石燃料を使いませんし、温室効果ガスも出ません。…しかし、いいことばかりではないのです。第一に、原子力発電は、ウランやプルトニウムといった核兵器にも使われている物質を反応させて電気をつくり出しています。ひとたび事故がおこれば、発電所の周囲が半径何キロメートルにもわたって放射能汚染され、人間が住むことのできない場所になってしまいます。第二に、原子力発電をおこなうと、燃料であるウランやプルトニウムがやがて「放射性廃棄物」になり、その処理をどうするのかという大きな課題につきあたります。毒性の強いものなので、普通の廃棄物のようには処理できません。現在では地下深くに埋めるなどの処分をしていますが、人体に害がなくなるまでには何万年もかかると推測されています。

　また、原子力発電と温暖化の関係についてつけ加えるとすれば…原子力発電をおこなうと、大量の熱が出ます。その熱を冷やすために現在は海水が使われています。いわゆる冷却水です。原子力発電の割合が高くなればなるほど、温まった水が海に流れ出ることになります。そうなると、極論かもしれませんが、日本近海の海水温は今よりもずっと上昇してしまうかもしれません。そして、海水温が上がれば、海水が二酸化炭素を吸収する力が弱まってしまう可能性もあるのです。

――同じように、すべてが水力発電だったら？
――すべてが風力発電だったら？
自分自身で、そうなったときのよいところや課題になるところを考えてみましょう。

　日本政府は、できるだけ化石燃料を使わずにすむように、現在の発電方法の割合を少しずつでも変化させていこうという考えをもっています。世界の国ぐにも同様で、今、こぞって風力発電による発電量を増やそうとはりきっているそうです。しかし、風力発電は地形や気候など立地条件の点での制約も多く、どこでもいいから風車を建てればよいというわけでもありません。また立地の面から考えたとき、日本は風力発電に向いている場所が多いとはいえません。地形や自然の特色から考えて、今後はどのような方法の発電に力を入れていけばいいのでしょうか。

　また、電気をつくるときに二酸化炭素がどれだけ排出されるのかということに注目すると同時に、電気を使うときに二酸化炭素がどれだけ排出されるのかということにも注目してみましょう。

　電気はどのように使われるのでしょう。電気を大量に使う生活をしながら、どのように排出する二酸化炭素の量を減らしていくことができるのでしょうか。

風力発電のための風車

9 電力会社で実践している「ベストミックス」とは何だろう？

日本では、水力や火力、原子力などのそれぞれの長所を生かし、適切にバランスよく組み合わせた電気づくりが進められてきました。これを**ベストミックス**といいます。

必要な電力に応じた発電方式の組み合わせ

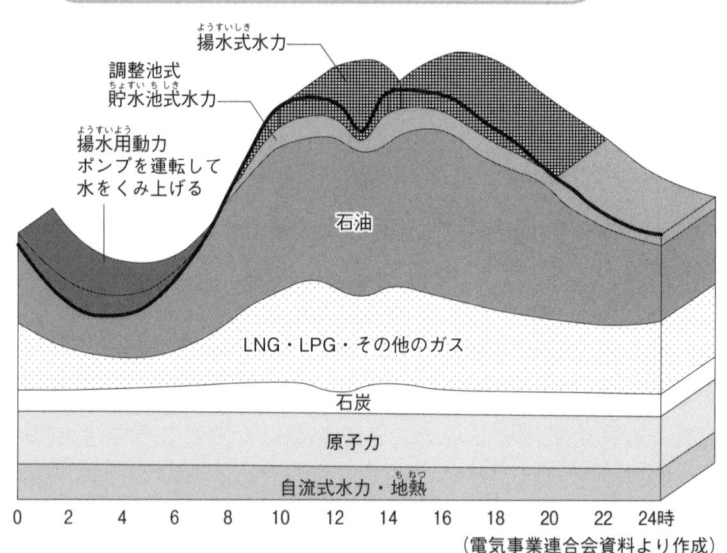

（縦軸）ピーク供給力／ミドル供給力／ベースロード

- 揚水式水力
- 調整池式貯水池水力
- 揚水用動力ポンプを運転して水をくみ上げる
- 石油
- LNG・LPG・その他のガス
- 石炭
- 原子力
- 自流式水力・地熱

（横軸）0　2　4　6　8　10　12　14　16　18　20　22　24時

（電気事業連合会資料より作成）

各電源の運転上の特長

	運転コスト	需要変動対応	供給安定性
揚水式水力		◎	
貯水池式水力	◎	◎	
石油火力		◎	
LNG火力		○	○
石炭火力	○	○	○
原子力	◎		◎
自流式水力	◎		○

◎特に優れている　○優れている

電気は季節、昼夜で需要量が変わります。例えば、夏の昼過ぎから午後にかけては需要量がピークになりますし、過ごしやすい春や秋の夜中などはぐんと需要量が少なくなります。電気供給のベースとなる部分は水力、地熱、原子力でまかない、変動する需要については、火力などで対応します。火力発電は発電量の調節がしやすいからです。原子力発電では、

その発電機を動かすか止めるかしかできないので、細かな発電量の調整は難しいのです。原子力が基礎部分をまかなうのは、供給の安定性や経済性に優れているためです。このような基礎部分をまかなう役割を、ベースロードと呼びます。

変動する需要に合わせて電気はつくられる

　その日、大体どれくらいの電気をつくるのかは、年間・月間・週間・そして前日の予測をもとに、決められています。電気の供給量は需要量とできるだけ同じ量がいいといわれています。なぜなら、一度つくった電気は貯めておくことができないからです。だから、できるだけ「使う分だけつくる」ようにしたいのです。

　電力会社では、電力供給量の調節を24時間体制でおこなっています。数人が１チームになって１日３交替制でその調節をしつづけているとのことです。供給量が多すぎれば電気がムダになるし、ちょっとでも需要量を下回れば停電してしまい、私たちのくらしはパニックになってしまうからです。

　つくられた電気は貯めておくことができません。だから、夏の午後に、あなた１人が冷房の設定温度を上げたとしても、たった今つくられた電気はもう節約できません。だからといって「設定温度を上げても意味ないよ」ということでもありません。みんなが設定温度を上げれば、電力会社の「中央給電連絡指令所」で需要量が下がったことがキャッチされ、必要な電力の予測値も下がります。そうすれば、つくられる電気が減り、結果としては節電につながるのです。

　そのうえ、前の表を見てもわかるように、発電量の変化に対応できるのは、水力発電や火力発電です。私たちの電気節約は、火力発電による発電量を減らすこと、すなわち二酸化炭素を減らすことにも結びついているのです。ちなみに下のグラフは真夏の１日の電気の需要量の変化をしめしたものです。読み取ってわかったことを、いろいろあげてみましょう。

真夏の１日（2004年７月20日）の電気の使われ方の推移

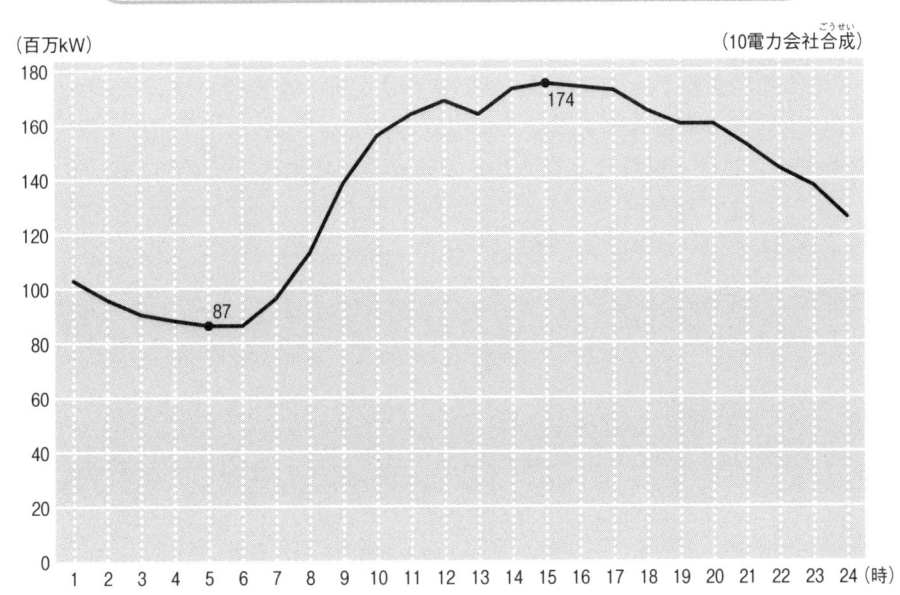

（百万kW）　　　　　　　　　　　　　　　　　（10電力会社合成）

9　電力会社で実践している「ベストミックス」とは何だろう？

10 電気の節約は何のために必要なのか？
温暖化防止以外の目的もある

　もう一度原点にもどって考えてみましょう。
　電気を節約することが、二酸化炭素の排出量を削減することにつながることはわかりましたし、「夏の冷房の設定温度を少しだけ上げる」というような、日常の中でできる努力も、決してムダではないとわかってきました。しかし、二酸化炭素が温暖化の原因かどうかは、まだわからないという科学者もいます。
　もし、二酸化炭素が原因ではなかったら、どうする？
　一生懸命、二酸化炭素の削減を目指してがんばっても意味がない？

電気を節約すること、すなわち省エネ

　今や世界中で、地球温暖化の深刻さが叫ばれているため、私たちも何かというと、「温暖化防止のため」ということばかりに目が向いてしまいます。
　しかし、「電気を節約しよう」「電気のつけっぱなしはやめよう」ということは、むかしから言われてきたことです。温暖化なんて言葉がほとんど知られていなかったころからずっと言われていたのです。では電気の節約は何のために必要か。温暖化以外の視点からも考えてみましょう。
　電気の節約がなぜ必要か…それはエネルギー資源が有限だからではないでしょうか。
　限りあるものはいつかなくなります。たしかに、新しい油田やガス田が見つかったり、今まで掘りたいと思っても掘れなかった場所の石油や石炭が技術革新によってとれるようになるかもしれません。それでも、やはり資源は有限なのです。たとえ二酸化炭素が地球温暖化の原因ではなかったとしても、電気を節約することは、限りある資源を大切に使うことなのだから、ムダにはなりません。そして、本当に二酸化炭素が原因だったら、今までがんばってきてよかった、ということになるでしょう。

　それに、電気を節約するということは、家の電気代が安くなるということにつながります。
　それだけでも、行動する意味のあることではないでしょうか。
　環境に配慮することは、家計にもやさしいということです。

省エネ家電 VS 3R？

　二酸化炭素削減のためにも、そして電気の節約のためにも省エネタイプの家電に買い換えましょう。そんなことがいわれています。
　でもその一方で、3R（リデュース・リユース・リサイクル）の考え方が大切です。できるだけものを長く大事に使い、ゴミにしないようにしましょう。ともいいますよね。

　ウチの冷蔵庫は古いけどまだ使える。ジュースもアイスもきちんと冷える。でも古い型の冷蔵庫は省エネタイプじゃない。それって環境によくないの？　買い換えたほうがいいの？　それとも使えるものは大事に使い続けたほうがいいの？　どっちなんだろう。

　たしかに、最新型の家電は省エネタイプで、古いものよりもずっと電気代が安くすみます。このあいだ、洗濯機をドラム式というのに買い換えたお母さんは「今までよりもずっと少ないお水で洗えるし、電気代もずっと安いのよ」って、すごく喜んでいました。でもその洗濯機はどうやら10万円以上するらしいし…。
　古い洗濯機をリサイクルしたり、新しい洗濯機を製造したりするのにもエネルギーを使うんですよね。

　う〜ん、むずかしい。あなたはどう考えて、どう行動しますか。

エネルギー資源はどのくらい使えるの？

　地球のエネルギー資源は無限ではありません。右のグラフのように2005年の生産量で、この先採掘が可能な年数は、石炭155年、石油40.6年、天然ガス65.1年となっています。また、原子力発電で使用するウランは85年となっています。
　石炭はエネルギー資源の中でも埋蔵量が多く、採掘できる場所も石油のようにかたよっておらず、世界各地で採れます。そのため、石炭は重要な資源だといわれています。
　日本でもかつては石炭の採掘が行われていました。しかし、日本では大規模な露天掘りができないため、採掘に手間と時間がかかる、外国にくらべて人件費が高い、という理由から、炭鉱の閉山が相次ぎました。2002年1月に北海道の釧路にあった太平洋炭礦が閉山したことで、日本のおもな炭鉱はすがたを消してしまっています。

主な資源の確認可採埋蔵量と可採年数

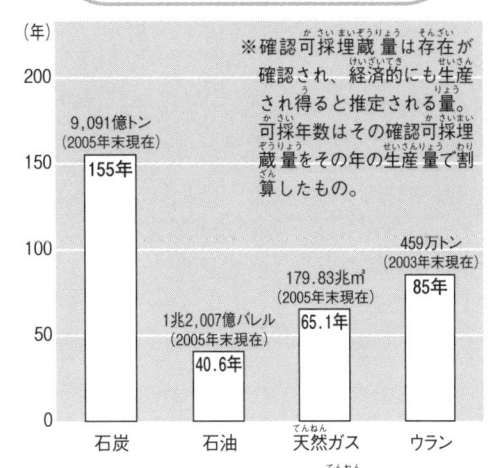

※確認可採埋蔵量は存在が確認され、経済的にも生産され得ると推定される量。可採年数はその確認可採埋蔵量をその年の生産量で割算したもの。

- 石炭：9,091億トン（2005年末現在）155年
- 石油：1兆2,007億バレル（2005年末現在）40.6年
- 天然ガス：179.83兆m³（2005年末現在）65.1年
- ウラン：459万トン（2003年末現在）85年

（石炭・石油・天然ガス：BP2006、ウラン：URANIUM2004より作成）

11 二酸化炭素を出す権利を「買う」とは？
京都メカニズムについて知ろう

　2007年12月、日本政府がハンガリー政府から「温室効果ガスを出す権利」を買い取るための具体的な交渉に入ったというニュースがありました。
——「温室効果ガスを出す権利」を買うってどういうこと？
——そんなもの売り買いできるの？
　そう思った人も多いのではないでしょうか。

　温室効果ガスを出す権利のことを「排出権」といいます。この排出権を売り買いするしくみは、1995年に採択された京都議定書に定められた「京都メカニズム」にもとづいています。日本など**削減目標達成がむずかしい国**が、**目標以上に削減できた国**からあまった**削減枠**を買い取ることなどをさします。
　「排出権を買い取って、削減できたことにするなんてずるい！」という声もありますが、地球温暖化は地球全体の問題です。ですから地球全体として目標を達成すればよいというのがこの京都メカニズムのひとつの考え方だといえます。
　また、目標以上に削減できた国は、その見返りとして利益を上げることができる。だからがんばって削減しようとする。逆に達成がむずかしい国は、巨額の出費を覚悟しなくてはならない。それがいやだから懸命に削減しようとする。数値目標を無理やり押しつけるのではなくて、こうした市場経済の論理を生かして、それぞれの国の取り組みに期待しようという方法です。

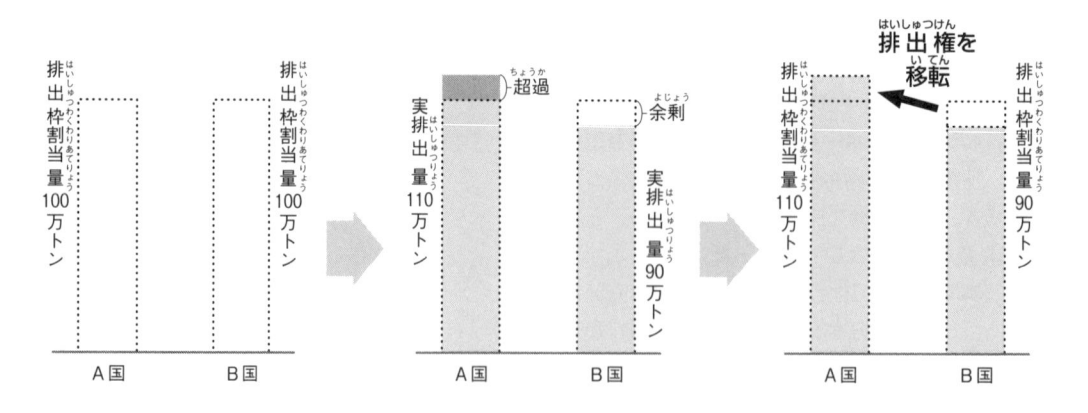

|A国 排出枠割当量 100万トン|B国 排出枠割当量 100万トン|→|A国 実排出量 110万トン（超過）|B国 実排出量 90万トン（余剰）|→|A国 排出枠割当量 110万トン ←排出権を移転|B国 排出枠割当量 90万トン|

　こうしたサイクルがうまく回れば、このメカニズムは二酸化炭素の削減方式として魅力あるものに感じます。しかし、そんなにうまくいくのでしょうか。このメカニズムにはいくつかの問題点もあります。

問題点のひとつは、この取り引きに参加できる国は限られているということです。参加できるのは、京都議定書に参加していて、なおかつ日本のように削減目標が課せられた国だけです。つまり、議定書から離脱したアメリカは取り引きに参加できません。また、議定書に参加していても、削減を義務づけられていない中国やインドなど開発途上国は参加できないのです。ということは、じっさいには日本とＥＵ、ロシア、旧ソ連の国ぐに、東ヨーロッパの国ぐにの間だけで行われる取り引きということになります。

　もうひとつの問題点として、売る側の国が値段をつり上げてきたらどうなるでしょう。二酸化炭素の排出権という、「目に見えないもの」を国民の税金を出して買うことになるのですから、いざとなると、「知らなかった」「聞いていないぞ」という反対の声が巻き起こるかもしれません。

排出権取り引きに参加できる国ぐに
（京都議定書に参加していて、なおかつ日本のように削減目標が課せられた国）

92％（－8％）　…ルーマニア、チェコ、ブルガリア、スロバキア、リトアニア、エストニア、ラトビア、スロベニア、リヒテンシュタイン、スイス、モナコ、ベラルーシ、ＥＵ15か国全体（ルクセンブルク、ドイツ、デンマーク、オーストリア、イギリス、ベルギー、イタリア、オランダ、フランス、フィンランド、スウェーデン、アイルランド、スペイン、ギリシャ、ポルトガル）

94％（－6％）　…カナダ、ハンガリー、日本、ポーランド
95％（－5％）　…クロアチア
100％（±0％）　…ニュージーランド、ロシア、ウクライナ
101％（＋1％）　…ノルウェー
108％（＋8％）　…オーストラリア
110％（＋10％）　…アイスランド

93％（－7％）　…アメリカ合衆国（離脱）

こんな方法もあるよ

　京都メカニズムには、このページで説明した「排出権取り引き」のほかにも、外国での二酸化炭素削減量を自国の成果に換算する方法が2つあります。

①共同実施………………先進国どうしが排出権削減のための技術や資金を持ちよって、いっしょに事業や対策を行うこと。それによって二酸化炭素が削減できれば、自分の国の中のことでなくても、自国の成果とすることができます。

②クリーン開発メカニズム…先進国が開発途上国で二酸化炭素削減のプロジェクトを実施し、開発途上国内での二酸化炭素削減に成功したら、その成果を自国のものにすることができます。

12 燃やしても二酸化炭素が出ない？（わけがない）
バイオエタノールの利点と問題点

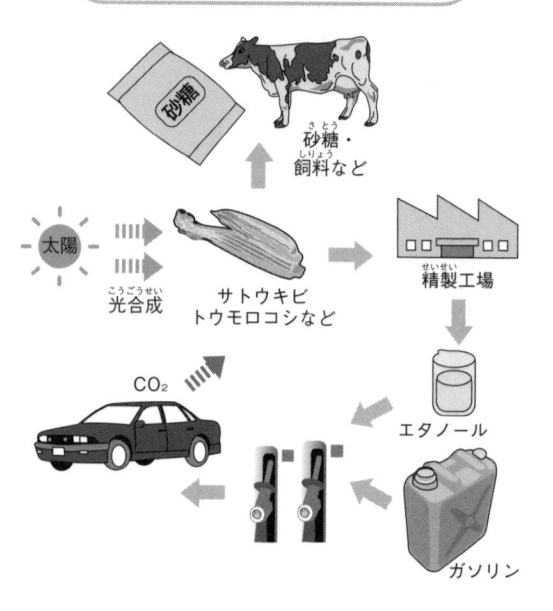

　バイオエタノールとは、植物性の原料を発酵させ蒸留して得られるアルコールのことです。石油に代わるエネルギー源として、また、地球温暖化対策に有効なエネルギーとして世界中で注目されています。

　世界では、トウモロコシやサトウキビを原料とするバイオエタノールが主流ですが、木材、建築廃材、ヒマワリなど植物であればありとあらゆるものが原料となりえます。ブラジルでは、すでにガソリンとエタノールのどちらを給油しても使える新型の自動車が数多く走っており、まさにバイオエタノール先進国です。日本でも2007年4月にはガソリンにバイオエタノールを混ぜてつくったバイオガソリンの販売がはじまりました。政府もこのバイオエタノールの利用を促進していくことを目標として掲げており、日本各地でバイオエタノールの試験場が建設され、稼動しているところも数多くあります。

　なぜバイオエタノールがここまで注目されているのでしょうか。「石油をはじめとする化石燃料には埋蔵量に限りがあるから」ということはもちろんですが、「バイオエタノールは地球温暖化対策に有効であること」がその大きな要因です。地球温暖化の原因とされる二酸化炭素は化石燃料などを燃やしたときに発生します。バイオエタノールも燃焼させれば当然二酸化炭素が発生しますが、原料となる植物が生長する過程で光合成をおこない二酸化炭素を吸収しているため、バイオエタノールは温室効果ガスの排出量がゼロであると計算されるのです。このような考え方をカーボン・ニュートラルといいます。温室効果ガスの削減率を目標として数値化している先進国にとっては、たいへんありがたい燃料だといえます。

　しかし、そんなにいいことばかりなのでしょうか。バイオエタノールがもてはやされることへの疑問の声は少なくありません。バイオエタノールの原料となるトウモロコシやサトウキビは本来食料になるはずのものです。じっさい、これらの作物はエタノール原料としての需要が急激に高まったために値段が上がってしまいました。トウモロコシは人間の食料としてだけでなく家畜の飼料としても大量に利用されており、このため畜産農家の多くは「このままでは経営が立ち行かない、肉やたまごの値段を上げざるを得ない」と悲鳴をあげています。サトウキビも同様です。砂糖そのものの値段はもちろん、砂糖を使ってお菓子をつくるメーカーにも大きな打撃を与えました。日本は、トウモロコシや砂糖を輸入にたよっ

バイオ燃料と食料の競合関係

バイオ燃料	原料作物	競合する中間生産物	競合する最終製品
バイオエタノール	サトウキビ	砂糖	飲料、菓子、乳製品など
	トウモロコシ	飼料、でん粉、食用油など	畜産物、でん粉製品、マヨネーズなど
	キャッサバ	タピオカ	でん粉製品
	小麦	小麦粉	パン、パスタ、めん、菓子など
バイオディーゼル	大豆	食用油、飼料	大豆油、畜産物、豆腐など
	菜種	食用油、飼料	菜種油、マーガリン、マヨネーズなど

ていますから、アメリカやブラジルでこれらの作物が高騰すれば、とうぜん日本にも大きな影響が出てきます。実際、「バイオエタノールブームで日本のお菓子も値上げ」というニュースが報じられました。このままバイオエタノールブームが加速しつづければ、私たち消費者にもその影響が大きく出てくるでしょう。さらに世界の人口が増え続け食料不足が心配されている今、人間と自動車が農作物を奪い合う事態になりかねないのです。

　もうひとつの疑問の声は、本当にバイオエタノールは地球温暖化防止に効果があるのかということです。原料となる植物は、生長の過程で二酸化炭素を吸収します。しかし、二酸化炭素増加の原因とされている石炭や石油などの化石燃料も太古のむかしには植物や藻類として地球上に存在し、光合成をしていたのです。そういう視点で考えれば「短期的には温暖化防止に効果があるかもしれないが、長期的には同じことなのではないか」との声もあります。さらに植物を育てる段階や植物原料を発酵させる段階でもかなりのエネルギーを消費している可能性もあり、工場設備のレベルによっては温暖化防止の効果はうすいというデータもあります。ブラジルではエタノール製造のためにアマゾンの森林をきりひらいてサトウキビ畑をつくるなど、本末転倒の環境破壊がおきている地域もあるのです。

　日本では食料と燃料が競合しないよう、また自然への負荷ができるだけ少なくなるよう、建築廃材や食品廃棄物・一年草であるヒマワリなどを原料にバイオエタノールの研究・開発を進めています。しかし、流通や供給のしくみが全国的に整うにはまだまだ時間とお金が必要です。

アメリカのトウモロコシ生産量とバイオエタノール利用量の移り変わり

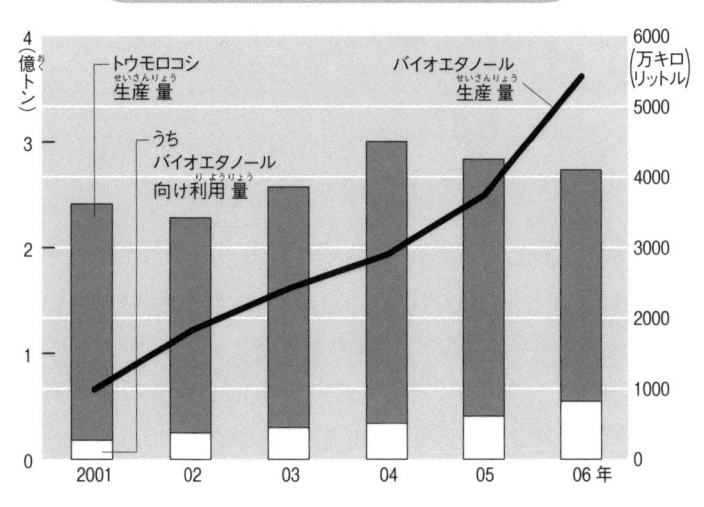

12 燃やしても二酸化炭素が出ない？（わけがない）バイオエタノールの利点と問題点

13 遠い国から運んだ食べ物は、それだけ環境に負荷をかけている

「フードマイレージ」ということばを聞いたことがありますか。このことばは、フード（食料）とマイル（距離をあらわす単位）の2つのことばを合わせたもので、イギリスの消費者運動家ティム・ラングが1994年から提唱しているものです。具体的には、**食料の輸送量に輸送にかかった距離**をかけあわせて算出する数値がフードマイレージで、食品が消費者のもとに届くまでにどれだけのエネルギーが使われているかをしめします。つまり、食料の生産地から食卓までの距離が長いほど、輸送にかかる燃料や二酸化炭素の排出量が多くなるため、環境に大きな負荷を与えていることになるのです。

フードマイレージ（トンキロメートル）＝食料の輸送量（トン）×輸送距離（キロメートル）

日本でも、ある国会議員の提言により、このフードマイレージという考え方が導入されました。この議員は、鹿児島県のあるスーパーで本州産のレタスが売られているのを見て「近くで生産できるのに、わざわざ遠くから運んでくるなんて、とんでもない浪費だ」と感じたそうです。

日本のフードマイレージは、農林水産省の試算（2001年）によると、9000億トンキロメートルで世界最大です。

各国の総フードマイレージの比較（品目別）試算（2001年）

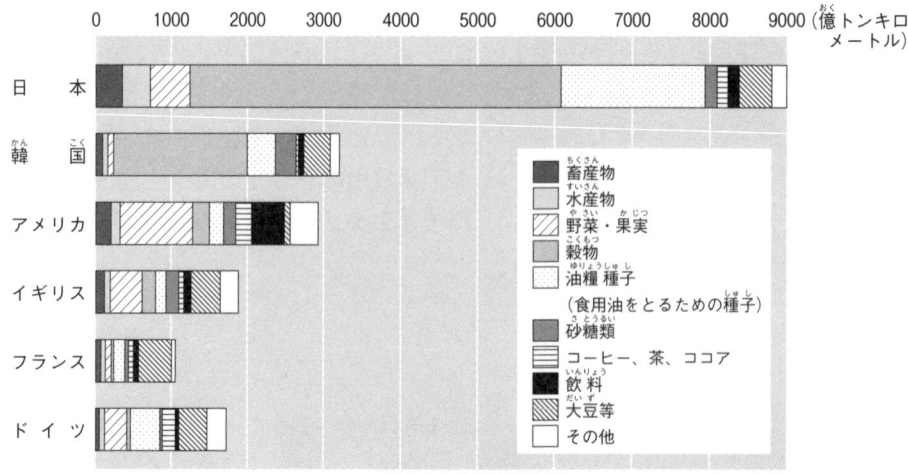

（凡例：畜産物、水産物、野菜・果実、穀物、油糧種子（食用油をとるための種子）、砂糖類、コーヒー、茶、ココア、飲料、大豆等、その他）

（「農林水産政策研究所レビューNo.11」より作成）

日本のフードマイレージは、日本の食料自給率が低いことを考えれば無理もないかもしれませんが、「それにしても多すぎる」という声があるのも事実です。おとなりの大韓民国と比べると、日本は約2.8倍ですし、人口が日本の2倍以上もいるアメリカと比べても、約3倍なのです。フードマイレージの数値が大きいということは、間接的にたくさんの二酸化炭素を排出しているということになります。

おもな国の食料自給率

(日本は2005年、そのほかの国は2003年)

日本	アメリカ	イギリス	ドイツ	フランス	イタリア
40%	128	70	84	122	62

おもな国の穀物自給率と世界175の国・地域の中での順位

(2003年)

国名	日本	アメリカ	イギリス	ドイツ	フランス	イタリア
穀物自給率	28%	132	99	101	173	73
順位	124位	11	34	30	5	81

食料自給率の低下

日本人は、大量の食料を廃棄する一方で、豊かで便利な食生活を送っています。しかし、こうした豊かさは、大量の輸入農産物や、海外の安い人件費を背景になりたっているにすぎません。

こうした状況を少しでも改善するために「地産地消」という考え方があります。「地産地消」とは、「地元で生産されたものを、地元で消費する」という意味です。これなら、輸送距離は最低限におさえられますから、フードマイレージはぐっと減ります。試算によると、輸入アスパラガスではなく国産アスパラガスを買えば、たった1本で300グラム(約153L)の二酸化炭素を削減できるといわれます。また、「地産地消」は、生産者にとっては、消費者の反応がわかりすいため、次に生産する作物や食品に消費者の望みを反映させやすいですし、地域の農業を活性化させることにもつながります。一方消費者にとっても、生産の現場が見えやすいので、食品の安全性をたしかめやすく、輸送距離が短いぶん新鮮な農作物を手に入れられるという利点があります。

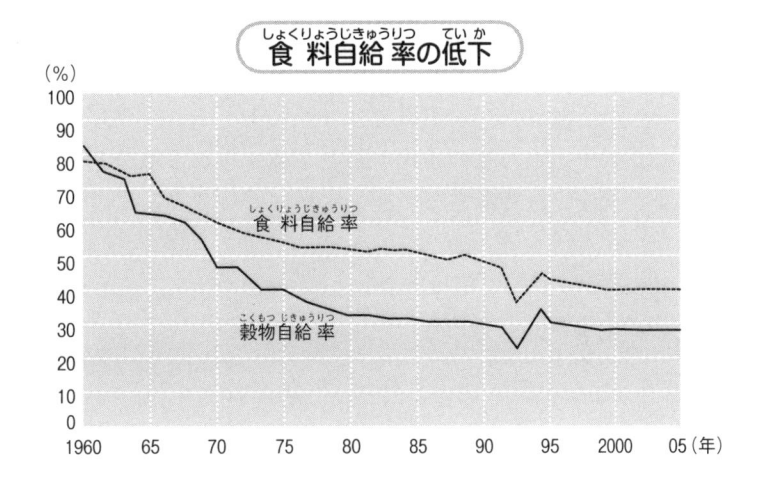

しかし、国産の農産物の多くは輸入農産物に比べてまだまだ値段が高く、「安全かつ環境によい」とわかっていても、家計を無視してまで買うことはできないという人もいます。また、輸入農産物の中には、貿易摩擦を解消するために外国から「輸入することを求められているもの」もありますから、単純に「輸入農産物はNO」ともいえないのが現実です。

フードマイレージという視点から、何ができるか。あなたも、ぜひ考えてみてください。

14 人類の未来のことを考えて、私たちはどうしていくのか

　1992年の国連環境開発会議（地球サミット）では、「持続可能な開発」ということがテーマになりました。「持続可能な開発」とは、どういうことなのでしょうか？

　産業活動などによって便利になった現代のくらしを、原始時代のような生活に戻すことは考えられません。
　しかし、今、利益が上がればよい、自分たちが便利な暮らしの恩恵を受けられればよい、という考えで開発を続けていけば、次の世代の人たちには、荒れ果てた地球だけが残されるということにもなりかねません。
　「持続可能な開発」とは次の世代、つまり人類の未来のことを考えた開発をしていこうという意味なのです。未来の地球環境を考えるということは、現在に生きる私たちがどのように「持続可能な開発」を実行していくのかということでもあります。

　あなたの子どもや孫の世代が開発を続けられる地球であるために、あなたは学んだことをどのように使い、行動していきますか。

あとがき

「シンク・グローバル、アクト・ローカル」とよく言われています。でも、これからは「シンク・ローカル、アクト・グローバル」。科学、経済、環境、水資源、エネルギー……などといった「私」を取りまく数々の課題は、考えようとしても大きすぎて、わかったつもりでも何だか他人事のよう。具体的な行動との結びつきが感じにくい。でも本当は、本当に、「すべてはつながっている」のです。

　――このことを前提に、だからこそ身近なことからみつめてみる。
　自分は今、何ができるのかをしっかりと考える＜シンク・ローカル＞。
　仲間と協力し、動き、新しい人や事とつながる＜アクト・グローバル＞。
　私たちが具体的に考え、行動しながら、その理由や背景をつなげていく。私たちが知ること、理解することを続けていくとき、自分なりにもっともっと大きな構造が見えてくる。私たち一人ひとりが自分を通して知ること、理解することで、地球の環境を変えていく（良いほうに）ことができれば、「明日につながる今」をつくっているということになるのです。

　たとえば、暑くも寒くもない部屋があって、安全な水を飲み、美味しいものを食べ、いつでもお風呂に入れることは「快適な環境」の一例といえます。その「快適な環境」を「つくる」方向から考えたらどうなるでしょうか。もしも水がまずいのなら浄水器をつけることができます。もしも寒かったら暖房を入れる。暑かったら冷房を入れる。こんな風にすれば快適な環境をつくることができます。「なんだ、かんたんだなぁ。」と思うでしょうか。自分の行動の背景をどこまでつなげ、広げて考えられるでしょうか。

　一足飛びになりますが、ぐっと広げて「地球全体の環境」に目を向けるとしたら、どうでしょうか。自分の身近な環境でとどめてしまえばわかりやすいし、快適にする方法も考えやすいのです。でも、「地球全体の環境」という、自分からはとても遠いものはどうでしょう？　とりたてて何か目標や指標をつくらなくても、私たちの行動は世界につながっています。「自分が感じられること、考えられること」を中心に、仲間と協力し、行動を共にし、動き、つながっていくことが大切なのです。

　人間たちの文明がつくってきた「知識」が、地球環境を変化させ、現在の状況をつくりあげてきました。現在「地球全体の環境」には、さまざまな課題があります。私たちがそれらの課題を解決していくための力になるのもまた「知識」なのだということです。

　今ある環境をつくってきた責任を誰かに問えるということはないでしょう。けれども、これからの環境をつくっていくのは私たちです。「シンク・ローカル、アクト・グローバル」。仲間と協力し、行動を広げ、動き、つながっていくことのできる自分を育てる時間を共に歩んでいきましょう。

代表　高木幹夫

あなたが書くはじめのページ

本の紹介

『地球の秘密
―SECRETS OF THE EARTH』
坪田愛華 作　出版文化社

『いのちがぱちん』
後藤みわこ 作　岡本美子 絵
学習研究社

『食べ物から環境を考える⑦』
川口啓明・菊地昌子 著
フレーベル館

『あなたが世界を変える日
―12歳の少女が環境サミットで語った伝説のスピーチ』
セヴァン・カリス＝スズキ 著
ナマケモノ倶楽部 編・訳
学陽書房

『世界がもし100人の村
だったら ④ 子ども編』
池田香代子・マガジンハウス 編
マガジンハウス

『地球がもし100cmの球だったら』
永井智哉 著
木野鳥乎 絵
世界文化社

『もったいない』
プラネット・リンク 編
マガジンハウス

『不都合な真実』
アル・ゴア 著
枝廣淳子 訳
ランダムハウス講談社

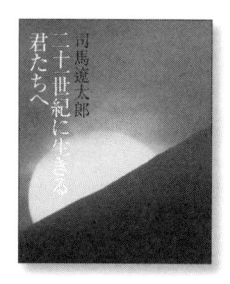

『二十一世紀に生きる君たちへ』
司馬遼太郎 著
世界文化社

（「知の翼」保護者様のための情報誌　2007年12月「読書のひろば」より抜粋）

● **資料提供**(五十音順・敬称略)

アーテファクトリー	ＡＦＰ通信社	気象庁	堺市生活衛生センター
ＮＡＳＡ	ＰＡＮＡ通信社	ネットワーク地球村	毎日新聞社

考える×続けるシリーズ

環境を考えるBOOK①
炭素から始まるお話

2013年4月25日　初版第1刷発行

企画・編集　日能研教務部
発　　行　日能研
　　　　　〒222-8511　神奈川県横浜市港北区新横浜2-13-12
　　　　　http://www.nichinoken.co.jp
発　　売　みくに出版
　　　　　〒150-0021　東京都渋谷区恵比寿西2-3-14
　　　　　TEL03-3770-6930　FAX03-3770-6931
　　　　　http://www.mikuni-webshop.com
印刷・製本　サンエー印刷

©2013　NICHINOKEN　Printed in Japan
ISBN978-4-8403-0501-3 C6037
乱丁・落丁はお取り替えいたします。
定価はカバーに印刷してあります。